CHAOJIDONG FEIJI FEIXING KONGZHI

超机动飞机飞行控制

谢　蓉　编著

西北工業大學出版社

【内容提要】 为了满足读者对超机动飞机飞行控制理论的需求，使其了解、掌握当前在工程应用中颇具前景的控制方法，本书总结了超机动飞机飞行控制的最新科研成果，分析了超机动飞机强非线性的特点，建立了超机动飞机复杂非线性数学模型，提出了多种非线性控制方法并将其应用于超机动飞机飞行控制系统设计，完成了相关仿真验证，是一部具有一定广度和深度的专著，可使读者借此了解超机动飞行控制领域的发展现状和研究水平。全书共6章，主要内容包括超机动飞机飞行控制研究概述、超机动飞机非线性建模及分析、非线性动态逆控制及应用以及鲁棒非线性动态逆控制及应用、概率鲁棒非线性动态逆控制及应用、神经网络自适应逆控制及应用。

本书可作为相关专业研究生与从事航空航天飞行器研究、设计与试验的工程师、研究人员的参考书。

图书在版编目(CIP)数据

超机动飞机飞行控制/谢蓉编著．—西安：西北工业大学出版社，2017．2
ISBN 978－7－5612－5233－8

Ⅰ．①超…　Ⅱ．①谢…　Ⅲ．①飞机—飞行控制　Ⅳ．①V249.1

中国版本图书馆CIP数据核字(2017)第024087号

策划编辑：何格夫
责任编辑：李阿盟

出版发行：西北工业大学出版社
通信地址：西安市友谊西路127号　　邮编：710072
电　　话：(029)88493844，88491757
网　　址：www.nwpup.com
印 刷 者：兴平市博闻印务有限公司
开　　本：787 mm×1 092 mm　　1/16
印　　张：7.25
字　　数：167千字
版　　次：2017年2月第1版　　2017年2月第1次印刷
定　　价：30.00元

前　言

超机动飞机具备高机动性和敏捷性，能够快速改变飞机姿态以占据空战中的有利位置，达到有效规避敌机攻击和取得战场主动权的目的。特别是在进行近距离空战时，超机动飞机一般都要保持大迎角飞行姿态，以便获得最高的作战效率。当超机动飞机在大迎角条件下做过失速机动时，其高度、速度以及飞行姿态都将产生十分剧烈的变化，飞机的气动力和气动力矩均进入非线性范围，飞机的动力学特性呈现严重非线性。此外，为了提高飞机的操纵效率，超机动飞机在设计上采用了推力矢量控制技术，即在发动机上安装推力矢量喷管，通过推力矢量舵面的偏转实现对飞机的直接力控制。

随着超机动飞机研制水平的提高，对其飞行控制系统设计的要求也越来越高。经典的线性控制理论和增益预置技术已不能满足飞行包线不断增大、非线性程度不断加深的超机动飞机飞行控制系统设计要求。线性增益预置技术仅能在设计状态的邻域附近保证闭环系统的稳定性，很难对超出原包线范围的过失速机动进行有效控制，并且外部参考输入和预置变量的急剧变化都将使闭环系统的性能急剧恶化甚至不稳定。因此，对超机动飞机飞行控制的研究具有重要的理论意义和实际应用价值。本书在建立超机动飞机非线性数学模型的基础上，采用有效的非线性控制方法设计超机动飞机飞行控制系统，使其既能达到良好的控制效果，且兼具一定的鲁棒性。

全书共 6 章，可以分为 3 个部分：第一部分包括第 1 章，主要介绍超机动飞机飞行控制的基础理论和研究现状；第二部分包括第 2 章，建立超机动飞机 6 自由度 12 状态的非线性数学模型；第三部分包括第 3～6 章，分别提出非线性动态逆、鲁棒非线性动态逆、概率鲁棒非线性动态逆、神经网络自适应逆等 4 种超机动飞机非线性控制方法，完成超机动飞机飞行控制系统的设计。

希望本书能够成为相关专业研究生与从事航空航天飞行器研究、设计与试验的工程师、研究人员的参考书，对我国超机动飞机的研究工作起到推动作用。

由于水平有限，书中的不足之处在所难免，恳请读者批评指正。

编著者

2016 年 10 月

目　录

第 1 章　绪论 …… 1

1.1　超机动飞机飞行控制技术的研究意义 …… 1

1.2　超机动飞机飞行控制技术的研究现状 …… 2

第 2 章　超机动飞机数学模型 …… 4

2.1　超机动飞机气动布局分析 …… 4

2.2　坐标系的定义 …… 5

2.3　超机动飞机非线性数学模型 …… 6

2.4　气动力与气动力矩数学模型 …… 9

2.5　发动机推力数学模型 …… 11

2.6　执行机构数学模型 …… 13

2.7　超机动飞机总体建模 …… 13

2.8　超机动飞机开环特性分析 …… 14

2.9　小结 …… 16

第 3 章　非线性动态逆控制方法 …… 17

3.1　非线性动态逆控制 …… 17

3.2　超机动飞机非线性动态逆控制器设计 …… 19

3.2.1　超机动飞机快状态回路非线性动态逆控制律设计 …… 20

3.2.2　超机动飞机慢状态回路非线性动态逆控制律设计 …… 23

3.3　超机动飞机非线性动态逆控制器仿真验证 …… 26

3.3.1　指令跟踪 …… 28

3.3.2　Cobra 机动仿真验证 …… 32

3.4　小结 …… 35

第 4 章　鲁棒非线性动态逆控制方法 …… 36

4.1　鲁棒非线性动态逆控制 …… 36

4.1.1　含不确定性的非线性动态逆控制模型 …… 36

4.1.2　鲁棒动态逆控制原理 …… 38

4.2　超机动飞机鲁棒动态逆控制律设计 …… 43

4.2.1　超机动飞机快状态回路鲁棒动态逆控制律设计 …… 43

4.2.2 超机动飞机慢状态回路鲁棒动态逆控制律设计 …… 48
4.3 鲁棒动态逆控制律仿真验证与分析 …… 52
4.3.1 超机动快状态回路鲁棒动态逆控制律仿真验证 …… 52
4.3.2 超机动慢状态回路鲁棒动态逆控制律仿真验证 …… 54
4.4 小结 …… 56

第 5 章 概率鲁棒非线性控制方法 …… 57

5.1 概率鲁棒非线性控制 …… 57
5.1.1 建立含不确定性的控制模型 …… 57
5.1.2 含不确定性的动态逆模型控制问题 …… 59
5.1.3 范数有界型鲁棒控制器求解 …… 60
5.1.4 概率鲁棒性分析 …… 63
5.1.5 概率鲁棒控制器设计 …… 66
5.2 超机动飞机概率鲁棒非线性控制器设计 …… 67
5.2.1 超机动飞机快状态回路概率鲁棒非线性控制律设计 …… 68
5.2.2 超机动飞机慢状态回路概率鲁棒非线性控制律设计 …… 69
5.3 概率鲁棒非线性控制器的仿真验证与分析 …… 71
5.4 小结 …… 71

第 6 章 神经网络自适应逆控制方法 …… 75

6.1 自适应逆控制 …… 75
6.1.1 自适应逆控制研究现状 …… 75
6.1.2 自适应逆控制基本原理 …… 76
6.2 神经网络算法 …… 79
6.2.1 神经网络简介 …… 79
6.2.2 BP 神经网络的结构与算法 …… 80
6.2.3 BP 神经网络算法的改进 …… 83
6.2.4 改进 BP 神经网络算法的性能分析 …… 86
6.3 超机动飞机神经网络自适应逆控制律设计 …… 88
6.3.1 非线性动态逆误差的求解 …… 88
6.3.2 BP 神经网络的构造 …… 89
6.3.3 超机动飞机自适应逆控制律设计 …… 90
6.4 神经网络自适应逆控制律仿真验证与分析 …… 91
6.4.1 Corbra 机动 …… 91
6.4.2 Herbst 机动 …… 94
6.5 小结 …… 98

参考文献 …… 99

第1章 绪 论

从某种程度上讲，现实世界中所有的控制系统都是非线性系统，大多数非线性系统可以近似处理为一个线性系统。线性系统的控制理论很成熟，能够使系统达到期望的控制指标。某些特定的控制系统需要采用动态逆、反馈线性化和滑模控制等非线性控制技术才能达到其控制指标。本章以超机动飞机为研究对象，对其非线性控制系统设计方法进行研究。

1.1 超机动飞机飞行控制技术的研究意义

超机动飞机是实施空战的主要机种，具备机动性强、飞行速度快、空战火力猛烈等特点，西方国家一直对其进行研究。目前，世界上对超机动飞机研制水平最高的国家是美国。F-22是美国空军在冷战条件下，为了满足21世纪初期战场的作战需要，从1982年开始设计的世界上具有代表性的一种超机动飞机，具备高机动性与高敏捷性。为了提高我国战斗机的作战能力，就必须跟上时代步伐，大力发展我国的超机动飞机，对其飞行控制技术的研究也势在必行。

超机动飞机作为被控对象，本身具有严重的非线性。这是因为超机动飞机必须快速改变飞机姿态及占据空战中的有利位置，才能达到有效规避敌机攻击和取得战场主动权的目的。特别是在进行近距空战时，战斗机一般都要保持大迎角飞行姿态，以便获得最高的作战效率。超机动飞机的可用迎角范围较前一代战斗机扩大了2倍多。当飞机做超机动飞行时，其高度、速度以及飞行姿态都将产生十分剧烈的变化，尤其是当超机动飞机在大迎角条件下做过失速机动时，其迎角和角速率的变化都相当大，飞机的气动力和气动力矩均进入非线性范围，飞机三个轴的惯性动力学特性严重耦合。此外，为了提高飞机的操纵效率，超机动飞机在设计上采用了推力矢量控制(Thrust Vector Control, TVC)的技术手段，即在发动机上安装了推力矢量喷管，增加了两个推力矢量舵面，通过推力矢量舵面的偏转来对飞机实施直接力控制。以上这些因素都使得超机动飞机的飞行控制律设计变得非常复杂。采用哪种控制技术既能把超机动飞机的机动性能很好地发挥出来，又能使所设计的控制律兼具较好的鲁棒性，一直是超机动飞机控制律设计研究的热点。本书的研究目的就是运用有效的非线性方法设计超机动飞机机动飞行时的控制律，使得所设计的控制律具有良好的控制效果，并具有一定的鲁棒性。

大多数飞行控制系统设计主要采用经典的线性控制理论和增益预置技术。基于增益预置方案，研究人员设计了许多可靠有效的飞行控制系统，一直到现在仍然发挥着不可替代的作用。增益预置方法能够胜任第二、三代战斗机控制系统的设计，但是对于飞行包线不断增大、非线性程度不断加深的第四代战斗机及以后的超机动飞机则很困难。这是因为线性化增益预置技术仅能在设计状态的邻域附近保证闭环系统的稳定性，控制器很难对超出原受限包线的超机动飞行进行有效控制，并且外部参考输入和预置变量的急剧变化将使闭环系统的性能急剧恶化甚至不稳定。因此，对基于非线性控制方法的超机动飞机飞行控制进行研究，具有十分重要的理论研究意义和实际应用价值。

1.2 超机动飞机飞行控制技术的研究现状

在不同的飞行条件下，超机动飞机的气动力和气动力矩会有很大的变化。同时，飞行控制的性能需求也会随着飞行条件的变化而改变。满足超机动飞行时的性能需求是超机动飞机飞行控制律设计所面临的巨大挑战。尽管使用增益调度法已经设计出许多可靠有效的飞行控制系统，但用其设计超机动飞机的全包线飞行控制器仍然是一件十分困难的事情。这是因为使用线性控制理论设计超机动飞机的控制器不仅设计成本高、设计周期长，而且在飞机超机动飞行时需要短时间内调用多个线性控制器，导致其机动性能受到极大的影响。随着数学中非线性分析、非线性泛函以及物理学中非线性动力学的不断发展，非线性控制理论也在不断地发展和完善[13-15]。国内外学者开始使用非线性控制理论设计飞机的控制器，并逐步形成了一系列科学的分析方法和设计方法。到目前为止，设计飞机飞行控制系统采用的非线性方法主要有反馈线性化(Feedback Linearization)、非线性动态逆(Nonlinear Dynamic Inversion，NDI)、回馈递推(Backstepping)以及非线性动态逆与自适应或鲁棒控制等相结合的方法。

反馈线性化是一种使用较为广泛的非线性设计方法，其中心思想是利用状态空间的坐标变换和控制变换把一个非线性系统全部或部分变化为一个线性系统，然后再用系统控制理论设计控制律。因为该方法的设计思想是基于对系统非线性关系的精确对消，所以又被称为精确线性化方法。研究人员采用直接反馈线性化方法设计了某型飞机自动着陆系统。在实际的控制系统设计中，系统的非线性特性很难被精确地描述，会存在一定的不确定性。为了解决系统模型的不确定性问题，通常需要再增加其他方法来保证控制效果。例如研究人员对 F－16/MATV 的非线性模型进行反馈线性化后，结合鲁棒模型预测方法设计了控制律。此外，在设计超机动飞机控制律时，还需要考虑其气动参数突然改变的情况，例如舵面损伤或执行机构故障等。为此在飞机非线性控制律设计时，可以考虑采用自适应反馈线性化方法来提高飞机飞行控制(简称飞控)系统的容错能力。

非线性动态逆[24-25]是反馈线性化的一种特殊情况，即系统的开环模型不需要通过状态变换就可以进行反馈线性化。非线性动态逆方法通过对飞机的运动方程求逆来实现系统的线性化和解耦，物理概念明确，近年来被广泛应用于非线性控制系统的设计中，特别是在飞控系统的设计中被广泛采用。采用双时标方法来简化动态逆设计，主要是在时标分离的基础上分别设计针对快状态变量的内回路逆控制器和针对慢状态变量的外回路逆控制器。飞机模型和动态逆控制律结合到一起表现为一个解耦的线性系统(大多数情况下表现为一个解耦的积分器)。该控制律不仅对飞机的整个飞行包线都适用，而且在极端的飞行条件下及存在一定扰动的条件下也适用。文献[29]给出了过失速机动条件下采用非线性动态逆方法设计某型飞机飞行控制律的过程；文献[30]给出了飞机在风切变干扰下采用非线性动态逆方法设计飞行控制律的过程。相对于线性增益调度方法，尽管非线性动态逆方法提出的时间不长，但是国内外学者一直尝试将该方法应用于飞行控制律设计，并一直探索应用该方法更有效的途径。

回馈递推法是近几年来被广泛关注的另一种飞机飞行控制律设计方法。对非线性控制系统而言，回馈递推法是一种基于 Lyapunov 函数系统的设计方法，使用回馈递推法可以把非线性系统转换为下三角矩阵形式表示。使用回馈递推法设计非线性控制律的一个难题是对非线性参数的评估，回馈递推法的控制量需要通过参数在线评估实时生成，以处理模型参数不确定性。O. Härkegard 和 T. Glad 等学者使用回馈递推法设计了某型刚体飞机的飞行控制律。当采用回馈递推法设计飞行控制律时，通常需要结合神经网络等智能方法来评估飞机方程中的气动力和气动力矩。回馈递推法和智能算法相结合的自适应回馈递推控制律，可以进一步提高应用回馈递推法设计飞行控制器的性能。这一点与反馈线性化的扩展应用类似。为了解决实际飞行控制中舵面偏转角度受限所引起的控制器失效问题，研究人员使用受限制的自适应回馈递推法设计了 F-16/MATV 的飞行控制律。除了通过将回馈递推法和其他控制方法相结合来实现更好的控制效果，回馈递推法自身也在不断地完善和发展。

通过对反馈线性化、非线性动态逆和回馈递推法的设计思想和应用情况进行分析比较，可以发现这三种设计方法各有特点，都能够应用于飞机飞行控制律的设计中，但是哪一种非线性设计方法都不完美。非线性动态逆作为一种反馈线性化的方法，通过对飞机运动方程求逆来实现系统的线性化和解耦，物理概念明确，在飞行控制系统的设计中应用最为广泛。国内外相关文献表明，非线性动态逆方法在理论上已经比较成熟，能够对超机动飞机大迎角飞行起到良好的控制作用。应用动态逆进行飞行控制系统设计，无须复杂的变增益调节，动态特性与增益之间可化作简单的线性、解耦、时不变的一阶或二阶系统，并且能够以固定增益适应飞行条件和构型的大范围变化。动态逆方法的主要限制是，飞机的非线性动态特性非常复杂，难以建立精确的数学模型，很难在整个飞行包线内对飞机的非线性模型进行精确的实时解析。因此，国内外许多针对飞机控制律设计的研究都是采用动态逆与其他控制方法相结合的思路，以克服单纯使用动态逆对模型精确性依赖性强的缺点。文献[55]～[58]提出了几种具有鲁棒稳定性的非线性动态逆控制方案，主要针对在指令跟踪和自动着陆条件下飞机模型参数摄动后的鲁棒稳定控制。文献[59]～[61]介绍了几种将具备实时学习能力的神经网络加入以非线性动态逆控制律为主的飞行控制系统结构中，以提高超机动飞机控制性能的方法。文献[62]～[68]研究了几种应用非线性动态逆结合自适应控制的飞行控制器设计方法，并进行了仿真验证。

根据本章对超机动飞机飞行控制律的研究背景和国内外现状的介绍，可以看出越来越多的学者采用非线性控制理论设计超机动飞机的飞行控制律，这也是超机动飞机控制律设计技术的大势所趋。究竟采用哪种非线性控制方法来设计超机动飞机的控制律更具实用性，目前还没有定论，可以说包括反馈线性化、回馈递推法和非线性动态逆等在内的设计方法都不能全面地解决超机动飞机飞行控制律设计中所遇到的问题。基于某种非线性方法结合一种或几种智能控制方法解决某实际系统的问题，是国内外学者关注和研究的热点，也是超机动飞机飞行控制律设计技术的发展方向。

综上所述，本书拟选取非线性动态逆作为超机动飞机飞行控制系统设计的主要方法，完成某型超机动飞机飞行控制律设计，并结合自适应控制和鲁棒控制等智能方法，从整体上提高所设计控制器的性能。在完成控制律设计后，通过超机动飞行(Cobra 机动和 Herbst 机动)仿真来验证所设计控制器的控制效果，并通过加入风干扰等不确定性来验证所设计控制器的鲁棒性能。

第 2 章　超机动飞机数学模型

建立精确的被控对象数学模型是控制律设计的基础。本章在介绍超机动飞机气动布局特点的基础上，对超机动飞机及其各项气动导数进行建模，并对发动机推力矢量和各个舵面的执行机构进行建模，以便后述章节对超机动飞机进行控制律设计。

2.1　超机动飞机气动布局分析

结合目前国内外超机动飞机气动布局的特点，本章以具有单发动机、三角翼、单垂尾翼、鸭翼、带有纵向和侧向推力矢量控制舵面（TVC）的超机动飞机为研究对象，其气动布局如图 2－1 所示。

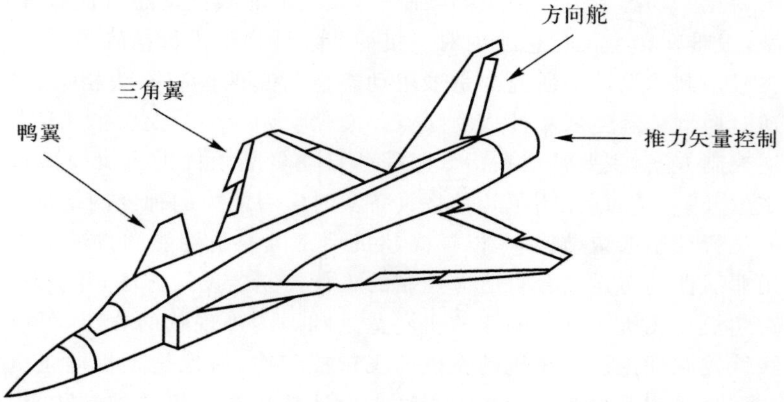

图 2－1　超机动飞机气动布局示意图

这种气动布局具有如下特点：

首先，无水平尾翼，取而代之的是安装在机翼前方的鸭翼。

其优点在于：可使飞机具有较小的配平阻力和操纵功率，以及较高的升阻比；有利于改善大迎角状态和过失速状态时飞机垂直尾翼的气动特性；有利于改善飞机的短距起降性能；有利于降低飞机的翼载，从而提高超机动飞机做机动动作时的敏捷性。

其次，具有推力矢量舵面。所谓推力矢量舵面就是在飞机发动机尾喷口处，设置两个或三个用耐高温、高压材料制造的可控偏转面。

其优点在于：当飞机做大迎角机动飞行，常规气动舵面效率下降或舵面效应不足时，可利用推力矢量舵面进行纵向控制力补充（二舵面推力矢量）或纵、侧向控制力补充（三舵面推力矢量），以提高飞机的机动能力。此外，当飞机着陆时，推力矢量喷管还可以用作反推力装置，从而缩短飞机的滑跑距离。推力矢量控制在美国和德国联合研制的 X－31A、美国的F－18和俄罗斯的 Su－37 等战斗机上都得到了应用。下面对超机动飞机进行数学建模。

2.2　坐标系的定义

为了确切描述飞机的运动状态，必须选定适当的坐标系，并给出各个状态变量在相应坐标系下的定义。例如，为了确定飞机相对于地面的位置，必须采用地面坐标系，为了研究飞机的运动姿态，必须采用机体坐标系。下面分别给出对这两个坐标系的描述。

1. 机体坐标系

机体坐标系原点 O 取在飞机质心处，坐标系与飞机固连。x_b 轴的正方向沿飞机机身纵轴线指向机头；y_b 轴正方向指向飞机右翼；z_b 轴垂直于 x_b 轴和 y_b 轴，正方向指向下方。坐标系按右手定则规定，即拇指代表 x_b 轴，食指代表 y_b 轴，中指代表 z_b 轴。其中，迎角 α、侧滑角 β 和空速 V 在机体坐标系中的定义如图 2-2 所示。

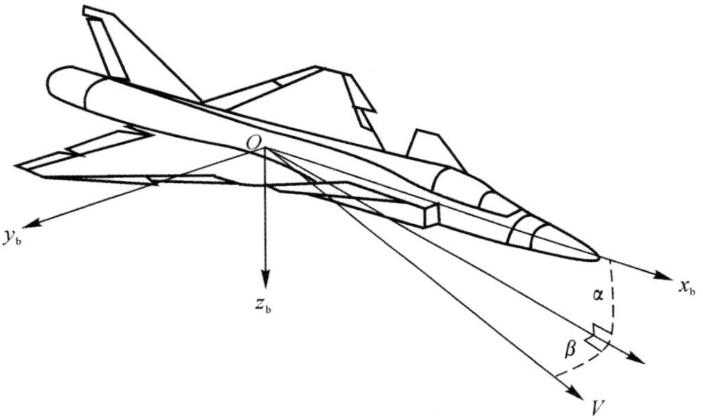

图 2-2　超机动飞机机体坐标系示意图

2. 地面坐标系

地面坐标系的方向设定为北、东、下(x_n，y_n，z_n)。该坐标系不运动，与地球本地正切平面相连，原点 O_n 取地面上某一点。

3. 欧拉角

三个欧拉旋转角度(ψ，θ，φ) 表示了机体坐标系相对地面坐标系之间的关系。

地面坐标系首先通过绕 z 轴旋转角度 ψ，转换为中间坐标系 1，偏航角 ψ 定义了飞机机头朝向；然后再绕新坐标系的 y_1 轴旋转角度 θ，转换为中间坐标系 2，俯仰角 θ 定义了飞机的俯仰角度；然后再绕 x_2 轴旋转角度 φ，转换为机体坐标系，滚转角 θ 定义了飞机的倾斜角度。地面坐标系与机体坐标系之间可以通过欧拉角进行转换，详见图 2-3 和图 2-4。

$$\begin{bmatrix} x_n \\ y_n \\ z_n \end{bmatrix} \xrightarrow{\psi\text{ 偏航}} \begin{bmatrix} x_1 \\ y_1 \\ z_1=z_n \end{bmatrix} \xrightarrow{\theta\text{ 俯仰}} \begin{bmatrix} x_2 \\ y_2=y_1 \\ z_2 \end{bmatrix} \xrightarrow{\varphi\text{ 滚转}} \begin{bmatrix} x_b=x_2 \\ y_b \\ z_b \end{bmatrix}$$

地面坐标系　　中间坐标系1　　中间坐标系2　　机体坐标系

图 2-3　地面坐标系与机体坐标系之间的转换

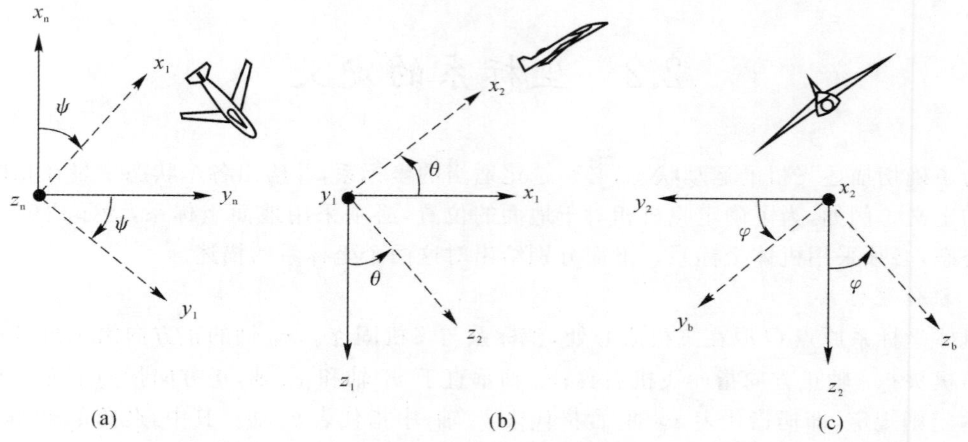

图 2-4　飞机欧拉角示意图

2.3　超机动飞机非线性数学模型

超机动飞机 6 自由度 12 状态非线性数学模型表示如下：

$$\dot{x} = V\cos\gamma\cos\chi \tag{2.1}$$

$$\dot{y} = V\cos\gamma\sin\chi \tag{2.2}$$

$$\dot{h} = V\sin\gamma \tag{2.3}$$

$$\dot{V} = \frac{1}{M}(-D + Y\sin\beta - Mg\sin\gamma) + \frac{1}{M}(T_x\cos\beta\cos\alpha + T_y\sin\beta + T_z\cos\beta\sin\alpha) \tag{2.4}$$

$$\begin{aligned}\dot{\chi} = &\frac{1}{MV\cos\gamma}(L\sin\mu + Y\cos\mu\cos\beta) + \frac{T_x}{MV\cos\gamma}(\sin\mu\sin\alpha - \cos\mu\sin\beta\cos\alpha) + \\ &\frac{T_y}{MV\cos\gamma}(\cos\mu\cos\beta) - \frac{T_z}{MV\cos\gamma}(\cos\mu\sin\beta\sin\alpha + \sin\mu\cos\alpha)\end{aligned} \tag{2.5}$$

$$\begin{aligned}\dot{\gamma} = &\frac{1}{MV}(L\cos\mu - Y\sin\mu\cos\beta - Mg\cos\gamma) + \frac{T_x}{MV}(\sin\mu\sin\beta\cos\alpha + \cos\mu\sin\alpha) - \\ &\frac{T_y}{MV}(\sin\mu\cos\beta) + \frac{T_z}{MV}(\sin\mu\sin\beta\sin\alpha - \cos\mu\cos\alpha)\end{aligned} \tag{2.6}$$

$$\begin{aligned}\dot{\alpha} = &q - \tan\beta(p\cos\alpha + r\sin\alpha) + \frac{1}{MV\cos\beta}(-L + Mg\cos\gamma\cos\mu) + \\ &\frac{1}{MV\cos\beta}(-T_x\sin\alpha + T_z\cos\alpha)\end{aligned} \tag{2.7}$$

$$\begin{aligned}\dot{\beta} = &p\sin\alpha - r\cos\alpha + \frac{1}{MV}(Y\cos\beta + Mg\cos\gamma\sin\mu) + \\ &\frac{1}{MV}(-T_x\sin\beta\cos\alpha + T_y\cos\beta - T_z\sin\beta\sin\alpha)\end{aligned} \tag{2.8}$$

$$\dot{\mu}=\sec\beta(p\cos\alpha+r\sin\alpha)+\frac{L}{MV}(\tan\beta+\tan\gamma\sin\mu)+\frac{Y+T_y}{MV}(\tan\gamma\cos\mu\cos\beta)-\frac{g}{V}(\cos\gamma\cos\mu\tan\beta)+\frac{T_x\sin\alpha-T_z\cos\alpha}{MV}(\tan\gamma\sin\mu+\tan\beta)-\frac{T_x\cos\alpha+T_z\sin\alpha}{MV}(\tan\gamma\cos\mu\sin\beta) \tag{2.9}$$

$$\dot{p}=\frac{I_{zz}l+I_{xz}n}{I_{xx}I_{zz}-I_{xz}^2}+\frac{I_{xz}(I_{xx}-I_{yy}+I_{zz})}{I_{xx}I_{zz}-I_{xz}^2}pq+\frac{I_{zz}(I_{yy}-I_{zz})-I_{xz}^2}{I_{xx}I_{zz}-I_{xz}^2}qr \tag{2.10}$$

$$\dot{q}=\frac{m+(I_{zz}-I_{xx})pr+I_{xz}(r^2-p^2)}{I_{yy}} \tag{2.11}$$

$$\dot{r}=\frac{I_{xz}l+I_{xx}n}{I_{xx}I_{zz}-I_{xz}^2}+\frac{I_{xz}(I_{xx}-I_{yy}+I_{zz})}{I_{xx}I_{zz}-I_{xz}^2}qr+\frac{I_{xx}(I_{xx}-I_{yy})-I_{zz}^2}{I_{xx}I_{zz}-I_{xz}^2}pq \tag{2.12}$$

式(2.1) ~ 式(2.12) 中共包含 12 个状态变量($x,y,h,V,\gamma,\chi,\alpha,\beta,\mu,p,q,r$)，其中各个状态变量的含义见表 2-1。

表 2-1　超机动飞机状态变量定义表

变量符号	含义
x	飞机在导航坐标系 x_n 轴上的位移
y	飞机在导航坐标系 y_n 轴上的位移
z	飞机在导航坐标系 z_n 轴上的位移
V	空速
χ	航迹偏航角
γ	航迹角
α	迎角(攻角)
β	侧滑角
μ	航迹滚转角
p	偏航角速率
q	俯仰角速率
r	滚转角速率

超机动飞机模型中，各个气动力和气动力矩的定义见表 2-2。

表 2-2　超机动飞机所受气动力和气动力矩定义表

变量符号	含义
D	阻力
Y	侧力

续表

变量符号	含义
L	升力
l	滚转力矩
m	俯仰力矩
n	偏航力矩
T_x	推力矢量在 x_b 轴上的分量
T_y	推力矢量在 y_b 轴上的分量
T_z	推力矢量在 z_b 轴上的分量

本章采用符号 $\boldsymbol{T}$ 表示发动机推力矢量，T_x，T_y，T_z 表示 $\boldsymbol{T}$ 在机体坐标系三个坐标方向上的分量。当有推力矢量 $\boldsymbol{T}$ 作用时，滚转力矩 l、俯仰力矩 m、偏航力矩 n 分别由两部分构成，一部分是气动力矩，另一部分则是由推力矢量产生的力矩。

超机动飞机模型中还用到飞机机体结构参数，本章所研究的超机动飞机机体结构参数取值见表 2－3。

表 2－3　超机动飞机机体结构参数取值表

结构参数符号	含义	取值
M	飞机质量	10 617 kg
I_{xx}	惯性距	21 000 kg · m^2
I_{xz}	惯性距	2 500 kg · m^2
I_{yy}	惯性距	81 000 kg · m^2
I_{zz}	惯性距	101 000 kg · m^2
S	机翼面积	45 m^2
b	翼展	10 m
$\bar{c}$	平均空气动力弦	5.2 m
X_p	飞行员距飞机质心距离	7.00 m
X_c	鸭翼距飞机质心距离	9.68 m
X_r	方向舵距飞机质心距离	7.91 m
X_T	发动机喷管距飞机质心距离	8.50 m

另外，应该注意到当$\beta=90°$或$\gamma=90°$时式(2.7)和式(2.9)会出现奇异性。为了避免奇异性的出现，需要对飞行控制律加以限制，使系统能够避开这些点。具体地说，当$\beta=90°$时，式(2.7)会出现分母为0的奇异点，由于设计超机动飞机非线性控制律时，β的取值一般都比较小且取值范围会有限制，因此$\beta=90°$的情况不可能出现。当$\gamma=90°$时，式(2.9)会出现$\tan\gamma\rightarrow\infty$的奇异点，此时就需要在$\gamma=90°$时，取令$\gamma=89°$时的值。

2.4　气动力与气动力矩数学模型

气动力L，D，Y和气动力矩l，m，n可以近似为飞行高度h、马赫数Ma、迎角α、侧滑角β等状态变量，以及舵面偏转角的函数，其中舵面偏转角包括副翼偏转角δ_a、鸭翼偏转角δ_c、方向舵偏转角δ_r，以及纵向推力矢量偏转角δ_z和横侧向推力矢量偏转角δ_y。气动力和气动力矩的具体表达形式为

$$L\approx\bar{q}SC_L(h,Ma,\alpha,\delta_c,\delta_a)\tag{2.13}$$

$$D\approx\bar{q}SC_D(h,Ma,\alpha,\delta_a)\tag{2.14}$$

$$Y\approx\bar{q}SC_Y(h,Ma,\alpha,\beta,\delta_a,\delta_r)\tag{2.15}$$

$$l\approx\bar{q}SbC_l(h,Ma,\alpha,\beta,\delta_r,\delta_a,p,r)\tag{2.16}$$

$$m\approx\bar{q}S\bar{c}C_m(h,Ma,\alpha,\delta_c,\delta_a,q)+T_yX_T\tag{2.17}$$

$$n\approx\bar{q}SbC_n(h,Ma,\alpha,\beta,\delta_r,\delta_a,p,r)+T_zX_T\tag{2.18}$$

式(2.13)～式(2.18)中，C_L，C_D，C_Y分别为气动力L，D，Y的总气动系数；C_l，C_m，C_n分别为气动力矩l，m，n的总气动系数；$\bar{q}$为动压，可通过$\bar{q}=0.5\rho V^2$求解，其中ρ为空气密度。

本章研究的超机动飞机气动系数，一部分是迎角α的函数，另一部分是迎角α与β，p，q，r以及δ_a，δ_c，δ_r其中之一的二维函数。因此，C_L，C_D，C_Y和C_l，C_m，C_n可以表示为β，p，q，r以及δ_a，δ_c，δ_r的仿射函数形式[117-120]，即

$$C_L=C_{L_\alpha}(\alpha)\alpha+C_{L\delta_c}(\alpha,\delta_c)(\delta_c-\delta_{c0}(\alpha))\tag{2.19}$$

$$C_D=C_D(\alpha)\tag{2.20}$$

$$C_Y=C_{Y\beta}(\alpha,\beta)\beta+C_{Y\delta_a}(\alpha,\delta_a)\delta_a+C_{Y\delta_r}(\alpha,\delta_r)\delta_r\tag{2.21}$$

$$C_l=C_{lp}(\alpha,p)\frac{pb}{2V}+C_{lr}(\alpha,r)\frac{rb}{2V}+C_{l\delta_a}(\alpha,\delta_a)\delta_a+C_{l\delta_r}(\alpha,\delta_r)\delta_r\tag{2.22}$$

$$C_m=C_{m0}(\alpha)+C_{mq}(\alpha,q)\frac{q\bar{c}}{2V}+C_{m\delta_c}(\alpha,\delta_c)(\delta_c-\delta_{c0}(\alpha))\tag{2.23}$$

$$C_n=C_{np}(\alpha,p)\frac{pb}{2V}+C_{nr}(\alpha,r)\frac{rb}{2V}+C_{n\delta_a}(\alpha,\delta_a)\delta_a+C_{n\delta_r}(\alpha,\delta_r)\delta_r\tag{2.24}$$

上述气动系数中，只与迎角α有关的，可以用α的插值函数或多项式来描述，例如气动系数$C_L(\alpha)$和$C_D(\alpha)$，如图2-5所示；上述气动系数中，与迎角α和其他变量(β，p，q，r及δ_a，δ_c，δ_r)有关的，可以用α和其他变量的二维插值函数或二元多项式来描述，例如气动系数$C_{m\delta_c}(\alpha,\delta_c)$，$C_{Y\delta_r}(\alpha,\delta_r)$和$C_{Y\beta}(\alpha,\beta)$，分别如图2-6～图2-8所示。

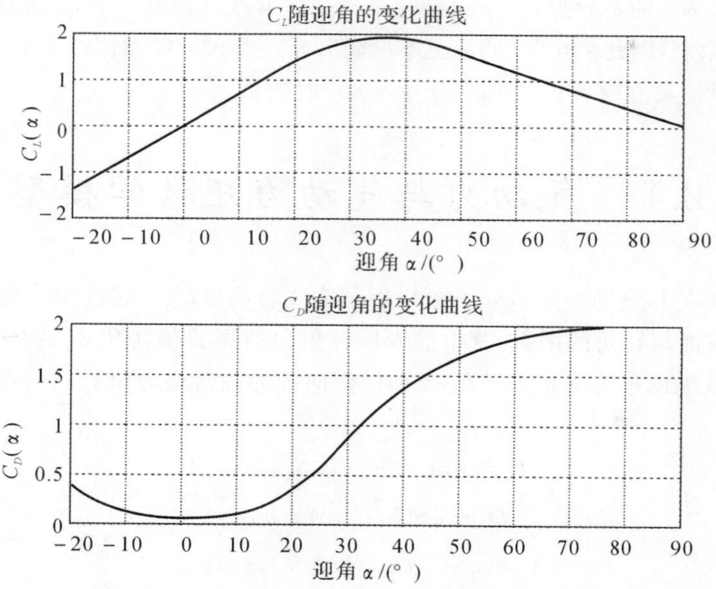

图 2-5　气动系数 $C_L(\alpha)$ 和 $C_D(\alpha)$ 取值示意图

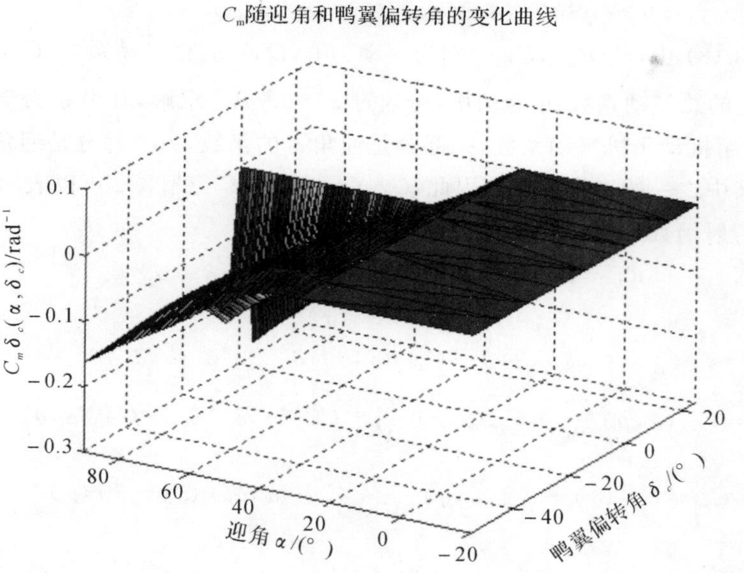

图 2-6　气动系数 $C_{m\delta_c}(\alpha,\delta_c)$ 取值示意图

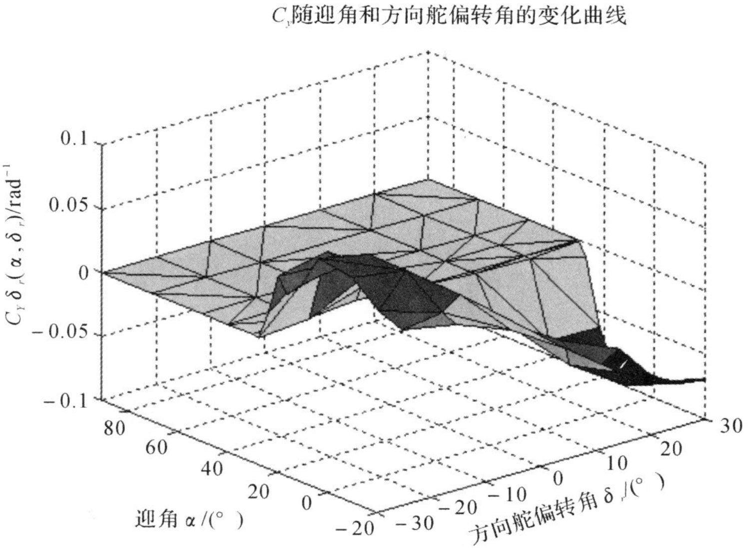

图 2-7　气动系数 $C_{Y\delta_r}(\alpha,\delta_r)$ 取值示意图

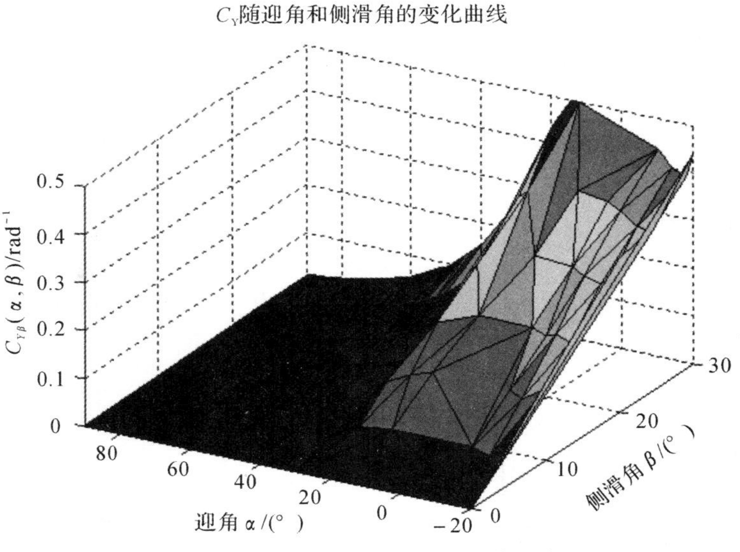

图 2-8　气动系数 $C_{Y\beta}(\alpha,\beta)$ 取值示意图

2.5　发动机推力数学模型

推力矢量是实现超机动飞机非常规过失速机动的最佳途径。本章所建立的超机动飞机发动机模型是带推力矢量系统的。此推力矢量系统由安装在发动机喷口的一套液压驱动挡板组成，可使发动机推力矢量舵面在纵向和侧向偏转达到15°。本章研究带三片推力矢量舵面的发

动机，能够对飞机在纵向和侧向的运动起到控制作用。

发动机的数学模型是非常复杂的，其推力不仅与油门指令有关，还与马赫数 Ma、飞行高度 h、速度 V、迎角 α 和侧滑角 β 有关，这些因素的变化会引起发动机进气道和喷口气流的畸变与损失，从而造成发动机推力 T 的损失。本章在发动机建模中，忽略了 V，α，β 对 T 的影响，考虑了 Ma，h 对 T 的限制，发动机最大推力 T 与 Ma，h 的关系如图 2－9 所示。

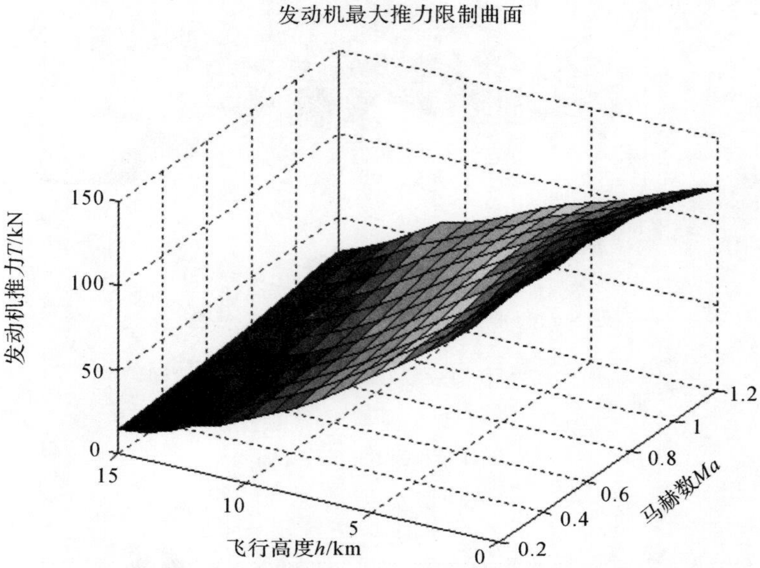

图 2－9　Ma，h 对 T 的限制示意图

本章研究的发动机最大推力为 146 kN，最小推力为 0 kN。发动机推力指令信号为 T_c。经过如图 2－9 所示的限幅后，再通过时间常数为 10（发动机转子的转动惯量较大，导致该时间常数取值较大）的一阶滞后惯性环节后产生所需的推力 T。在 Simulink 中构建发动机的推力模型如图 2－10 所示[121-122]。

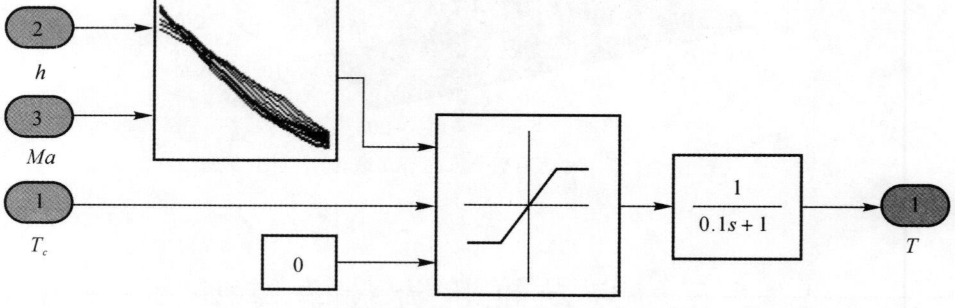

图 2－10　Simulink 中构建的发动机推力模型

由于在发动机喷口处安装了纵向和侧向推力矢量舵面，因此推力 T 产生了沿机体轴三个轴方向的推力分量 T_x，T_y，T_z，具体表达式为

$$T_x = T\cos\delta_z\cos\delta_y \tag{2.25}$$

$$T_y = T\cos\delta_z \sin\delta_y \tag{2.26}$$

$$T_z = T\sin\delta_z \tag{2.27}$$

其中，δ_z 和 δ_y 分别为纵向推力矢量舵面偏转角和侧向推力矢量舵面偏转角。

2.6　执行机构数学模型

副翼、鸭翼、方向舵、推力矢量舵等执行机构具有类似的建模方式，都是先对指令进行限幅和速度限制，然后将限幅后的指令送入一个惯性环节的作动器中进行动态特性模拟，此作动器具有适当的带宽。

各个执行机构舵面偏转限幅见表 2－4[119-120]。

表 2－4　各个执行机构舵面偏转限幅表

执行机构名称	偏转限幅 /(°)	速率限幅 /(°·s^{-1})
副翼偏转角 δ_a	－24 ～ 24	－80 ～ 80
鸭翼偏转角 δ_c	－90 ～ 20	－80 ～ 80
方向舵偏转角 δ_r	－30 ～ 30	－80 ～ 80
侧向推力矢量偏转角 δ_y	－15 ～ 11	－80 ～ 80
纵向推力矢量偏转角 δ_z	－25 ～ 16	－80 ～ 80

方向舵在 Simulink 中搭建的模型如图 2－11 所示，以此来说明各个执行机构的建模思路。

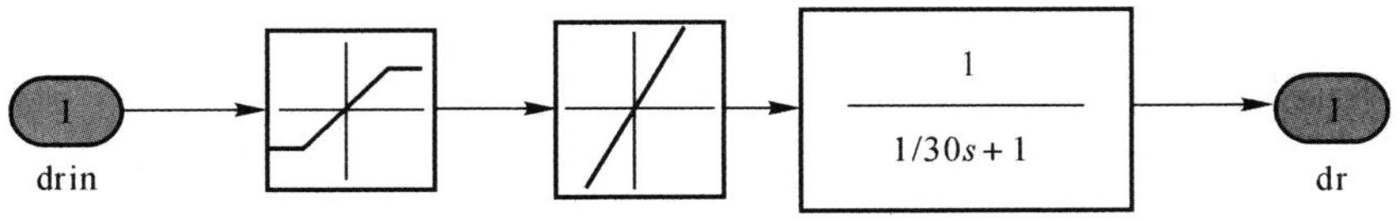

图 2－11　Simulink 中构建的方向舵模型

2.7　超机动飞机总体建模

在分析超机动飞机 6 自由度非线性数学模型、气动力与气动力矩数学模型，以及发动机与执行机构数学模型的基础上，可总结出如图 2－12 所示的超机动飞机整体建模示意图。

超机动飞机在 Simulink 中的建模如图 2－13 所示。

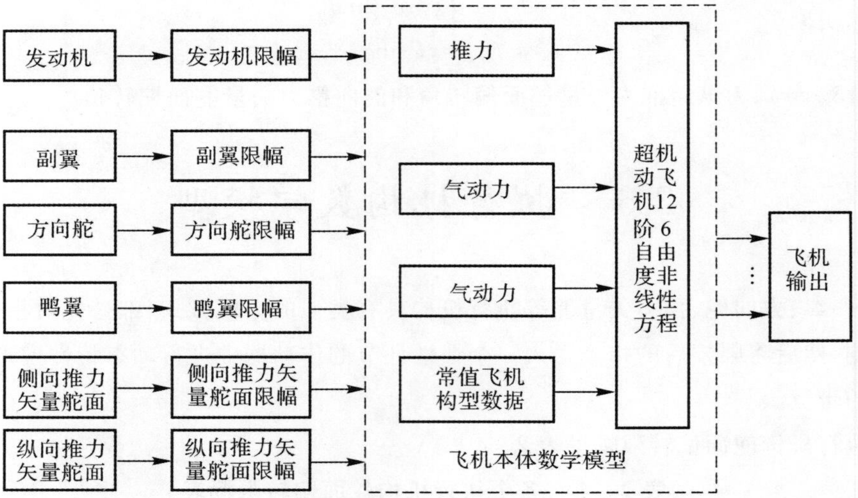

图 2-12　超机动飞机整体建模示意图

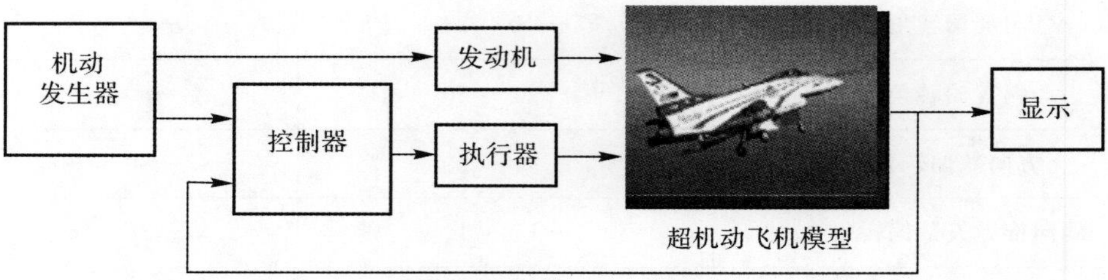

图 2-13　超机动飞机整体模型 Simulink 建模示意图

2.8　超机动飞机开环特性分析

在设计飞机飞行控制律之前，需要考虑飞机的静稳定性。由于本章中超机动飞机模型采用 6 自由度非线性方程组，因此无法计算特征值。对其开环特性的分析，主要通过进行无控制输入仿真来进行。

仿真的初始值设定如下：

(1)$x=0$ m，$y=0$ m，$h=1\ 000$ m；

(2)$V=100$ m/s，$\chi=0°$，$\gamma=0°$；

(3)$\alpha=8°$，$\beta=0°$，$\mu=3°$；

(4)$p=0°/\mathrm{s}$，$q=0°/\mathrm{s}$，$r=0°/\mathrm{s}$；

(5)$T=0$ N；

(6)$\delta_a=\delta_c=\delta_r=\delta_z=\delta_y=0°$。

飞机系统开环仿真曲线如图 2-14 和图 2-15 所示。

从仿真结果可以看出，在无控制输入的条件下，超机动飞机本身是静不稳定的。为了实现对超机动飞行的控制,有必要设计合理的超机动飞机飞行控制器。

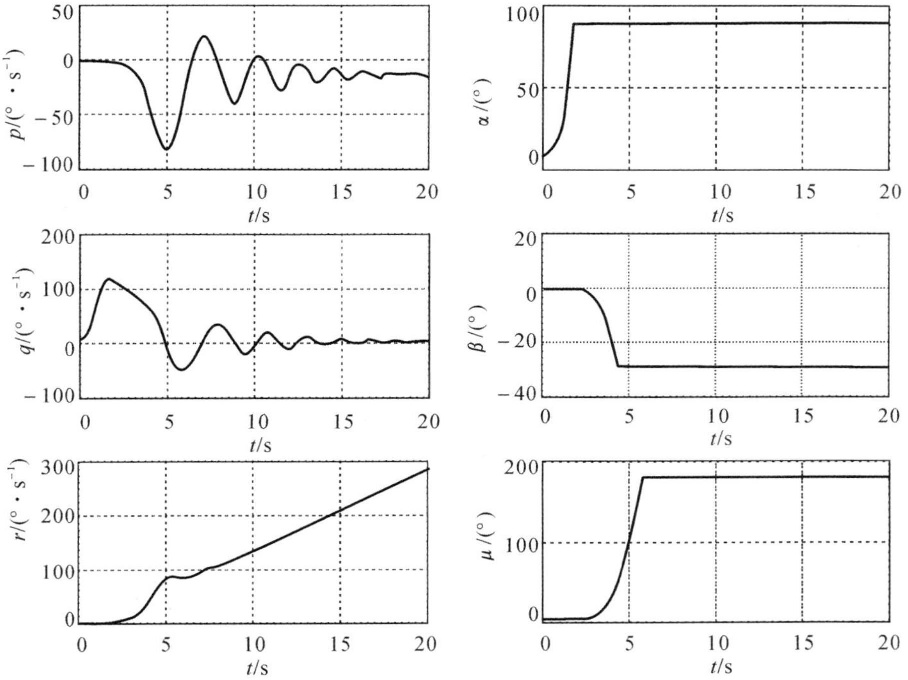

图 2-14　p,q,r 和 α,β,μ 的开环仿真结果图

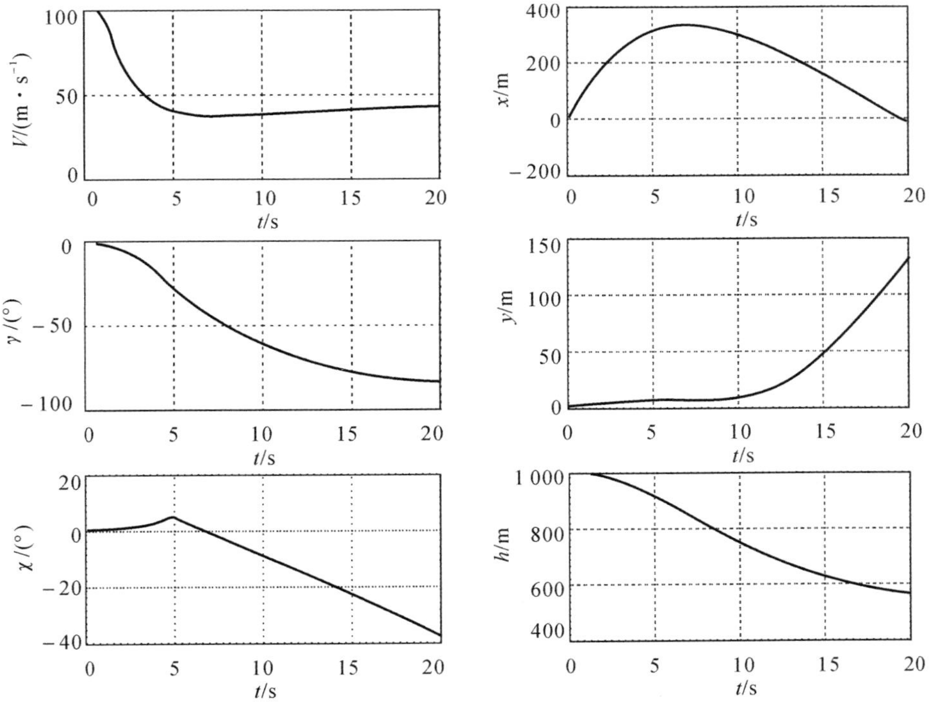

图 2-15　V,γ,χ 和 x,y,h 的开环仿真结果图

2.9 小　　结

本章主要介绍了飞机运动的坐标系，讨论了超机动飞机的气动布局，给出了超机动飞机6自由度非线性数学模型，分析了超机动飞机气动力、气动力矩，以及各项气动参数的变化规律。在Simulink中搭建了超机动飞机的本体模型、发动机模型与执行机构模型，分析了超机动飞机的开环特性，为后续研究打下了良好的基础。

第3章　非线性动态逆控制方法

飞机本质上是一个非线性系统，若采用增益调度等线性控制方法设计飞行控制系统，就必须设计若干个线性控制器，以确保飞机在整个飞行包线范围内的性能要求，即增益调度方法。增益调度方法的优点是在每一个状态点附近，系统均具有良好的稳定性和动态性能；不足之处在于其工程实现具有一定的困难。一方面，若选取的状态点过多，会导致设计出的控制器数目过多，结构过于复杂，切换时存在问题；另一方面，若选取的状态点过少，则难以覆盖整个飞行包线的范围。较之增益调度方法，采用动态逆等非线性控制方法设计一个非线性控制器，能够对已知非线性动力学特性的飞机模型进行直接控制。本章介绍非线性动态逆控制方法，并给出采用该方法设计超机动飞机飞行控制器的基本流程。

3.1　非线性动态逆控制

非线性动态逆是一种常用的反馈线性化方法，其实质是通过非线性反馈或动态补偿将非线性系统变换为线性系统，继而进行控制。具体地说，就是利用非线性逆和非线性函数对消被控对象的非线性，从而构成全局线性化。在线性系统的基础上再通过相应的反馈及其增益，实现所需的系统响应。通过上述方法，可将系统分解为若干个子系统，各个子系统均为线性系统且相互解耦。非线性动态逆既可以用于单输入-单输出(Single - Input Single - Output，SISO)系统，也可以用于多输入-多输出(Multiple - Input Multiple - Output，MIMO)系统，并且可以分为输出反馈和状态反馈两种形式。非线性动态逆可以用来设计非线性、强耦合系统的控制律，有时必须根据系统自身的特点进行相应的改进和补充。例如，在飞行控制系统的设计中，常常需要引入变量时标分离、控制面融合等处理方法。在已有的研究中，非线性动态逆被广泛应用于飞行控制系统设计中。下面介绍非线性动态逆控制的基本原理。

通常一般非线性系统由以下微分方程描述：

$$\dot{\boldsymbol{x}}(t)=f(\boldsymbol{x})+g(\boldsymbol{x})\boldsymbol{u} \tag{3.1}$$

$$\boldsymbol{y}(t)=h(\boldsymbol{x}) \tag{3.2}$$

其中，$\boldsymbol{x}(t)\in\mathbf{R}^n$ 为系统的状态向量；$\boldsymbol{u}\in\mathbf{R}^m$ 为系统的控制向量；$\boldsymbol{y}(t)\in\mathbf{R}^p$ 为系统的输出向量或测量向量。

将式(3.2)对时间求微分可得

$$\dot{\boldsymbol{y}}(t)=\frac{\partial h}{\partial \boldsymbol{x}}\frac{\mathrm{d}\boldsymbol{x}}{\mathrm{d}t}=\frac{\partial h}{\partial \boldsymbol{x}}f(\boldsymbol{x})+\frac{\partial h}{\partial \boldsymbol{x}}g(\boldsymbol{x})\boldsymbol{u}=F(\boldsymbol{x})+\boldsymbol{G}(\boldsymbol{x})\boldsymbol{u} \tag{3.3}$$

非线性动态逆控制的目的，是构造合适的控制向量 $\boldsymbol{u}_c(t)$ 使系统输出 $\boldsymbol{y}(t)$ 能够跟踪参考轨迹 $\boldsymbol{y}_{\mathrm{ref}}(t)$，以产生期望的输出 $\boldsymbol{y}_{\mathrm{des}}(t)$。控制向量 $\boldsymbol{u}_c(t)$ 可以通过对式(3.3)求逆得到：

$$\boldsymbol{u}_c(t)=\boldsymbol{G}^{-1}(\boldsymbol{x})\left[\dot{\boldsymbol{y}}_{\mathrm{des}}(t)-F(\boldsymbol{x})\right] \tag{3.4}$$

非线性动态逆控制器设计的任务，是设计一个合适的控制器 $\boldsymbol{K}$，进而获得期望的动态输

出 $\dot{\boldsymbol{y}}_{des}(t)$：

$$\dot{\boldsymbol{y}}_{des}(t)=\boldsymbol{K}(\boldsymbol{y}_{ref}(t),\boldsymbol{y}(t)) \tag{3.5}$$

其中，$\boldsymbol{K}$ 为与系统输出 $\boldsymbol{y}(t)$ 和参考轨迹 $\boldsymbol{y}_{ref}(t)$ 相关的控制器。

非线性动态逆控制原理可用图 3-1 来描述。

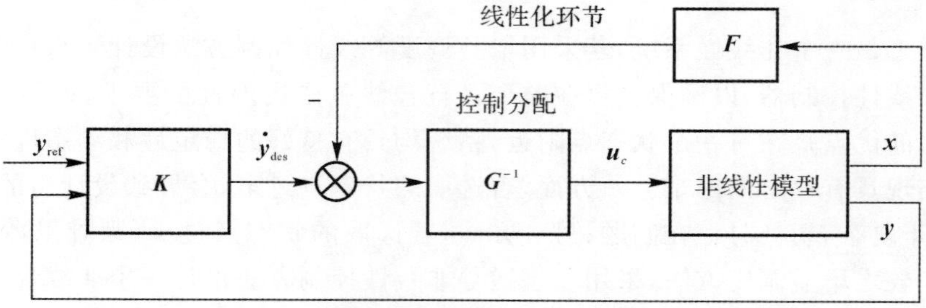

图 3-1　非线性动态逆控制原理图

下面介绍控制器 $\boldsymbol{K}$ 的设计步骤。

首先，定义误差信号

$$\boldsymbol{e}(t)=\boldsymbol{y}_{ref}(t)-\boldsymbol{y}(t) \tag{3.6}$$

其次，对 $\boldsymbol{e}(t)$ 关于时间求微分可得

$$\dot{\boldsymbol{e}}(t)=\dot{\boldsymbol{y}}_{ref}(t)-\dot{\boldsymbol{y}}(t) \tag{3.7}$$

然后，设计控制器 $\boldsymbol{K}$，使误差信号 $\boldsymbol{e}(t)$ 趋于 0，且保证式(3.7) 是全局指数稳定的。

$$\dot{\boldsymbol{e}}(t)=-\boldsymbol{K}\boldsymbol{e}(t) \tag{3.8}$$

其中，$\boldsymbol{K}$ 为正定矩阵。

最后，假设系统输出能够跟踪期望的动态信号，即 $\dot{\boldsymbol{y}}_{des}(t)=\dot{\boldsymbol{y}}(t)$。可将式(3.7) 重写为

$$\dot{\boldsymbol{y}}_{des}(t)=\dot{\boldsymbol{y}}_{ref}(t)-\dot{\boldsymbol{e}}(t) \tag{3.9}$$

将式(3.8) 代入式(3.9) 中，可以得到 $\boldsymbol{y}_{des}(t)$ 的最终表达式为

$$\dot{\boldsymbol{y}}_{des}(t)=\dot{\boldsymbol{y}}_{ref}(t)+\boldsymbol{K}\boldsymbol{e}(t) \tag{3.10}$$

在设计飞机的飞行控制器时，通常选取状态向量作为系统的输出向量，即可以将式(3.2) 重写为

$$\boldsymbol{y}(t)=\boldsymbol{x}(t) \tag{3.11}$$

进而，式(3.3) 可以重写为

$$\dot{\boldsymbol{y}}(t)=\boldsymbol{f}(x)+\boldsymbol{g}(x)\boldsymbol{u} \tag{3.12}$$

那么，期望的控制向量 $\boldsymbol{u}_c(t)$ 可以表达为

$$\boldsymbol{u}_c(t)=g^{-1}(\boldsymbol{x})\left[\dot{\boldsymbol{y}}_{des}(t)-f(\boldsymbol{x})\right] \tag{3.13}$$

如果模型式(3.1) 中不存在不确定因素，也就是说，$f(\boldsymbol{x})$，$g(\boldsymbol{x})$ 和 $h(\boldsymbol{x})$ 是完全已知的，执行器和传感器也都是完好的。此时，非线性动态逆过程是完美的。完美的动态逆将使得从 $\dot{\boldsymbol{y}}_{des}(t)$ 到 $\boldsymbol{y}(t)$ 的控制系统转换为由若干个平行、互不耦合的积分器构成的系统模型。

选取状态量 $\boldsymbol{x}$ 作为系统的输出向量 $\boldsymbol{y}$，完美的非线性动态逆控制原理可用图 3-2 来描述。

根据图 3-2，输出向量 $\boldsymbol{y}$ 可以重新表达为

$$\boldsymbol{y}=\frac{1}{s}\dot{\boldsymbol{y}}=\frac{1}{s}\left[f(\boldsymbol{x})+g(\boldsymbol{x})\boldsymbol{u}_c\right]=$$

$$\frac{1}{s}[f(\boldsymbol{x})+g(\boldsymbol{x})g^{-1}(\boldsymbol{x})(\dot{\boldsymbol{y}}_{\mathrm{des}}-f(\boldsymbol{x}))]=\frac{1}{s}\boldsymbol{I}_{p\times p}\dot{\boldsymbol{y}}_{\mathrm{des}} \tag{3.14}$$

式(3.14)说明：完美的非线性动态逆可以将从 $\dot{\boldsymbol{y}}_{\mathrm{des}}$ 到 $\boldsymbol{y}$ 的控制系统转换为 p 个平行的积分器。

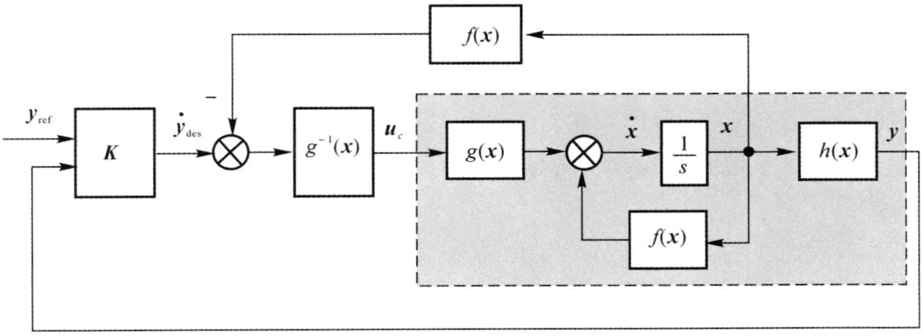

图 3-2　完美的非线性动态逆控制原理图

3.2　超机动飞机非线性动态逆控制器设计

前面介绍了非线性动态逆控制的基本原理，下面以第 2 章中给出的超机动飞机为被控对象，采用非线性动态逆的方法设计其飞行控制律。

由式(2.1)～式(2.12)可知，超机动飞机的状态向量中共包含 12 个状态变量，可表示为

$$\boldsymbol{x}=[x\quad y\quad h\quad V\quad \gamma\quad \chi\quad \alpha\quad \beta\quad \mu\quad p\quad q\quad r]^{\mathrm{T}}\in\mathbf{R}^{12}$$

为了便于研究，根据 12 个状态变量在时间尺度上的划分具有明显差异这一事实，利用奇异摄动理论[16,129]，可将超机动飞机的 12 个状态变量划分成快慢变化不同的 4 个子系统，即，快状态子系统 $\boldsymbol{x}_3=[p\quad q\quad r]^{\mathrm{T}}$、慢状态子系统 $\boldsymbol{x}_2=[\alpha\quad \beta\quad \mu]^{\mathrm{T}}$、非常慢状态子系统 $\boldsymbol{x}_1=[V\quad \gamma\quad \chi]^{\mathrm{T}}$，以及极慢状态子系统 $\boldsymbol{x}_0=[x\quad y\quad h]^{\mathrm{T}}$。各个子系统之间的关系如图 3-3 所示。

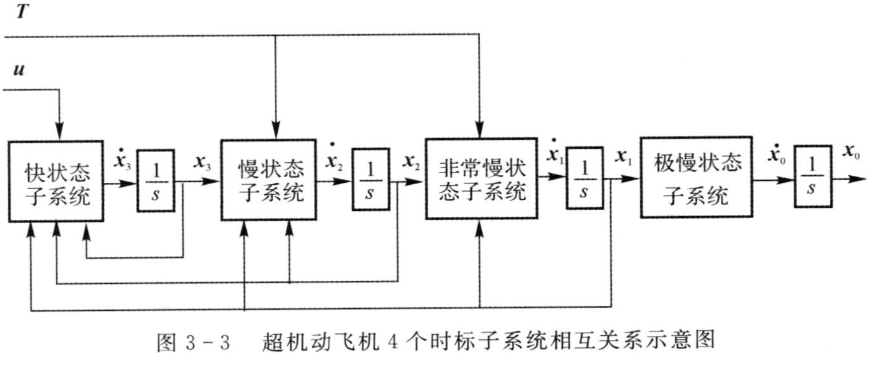

图 3-3　超机动飞机 4 个时标子系统相互关系示意图

把 p,q,r 划分为快状态，是因为控制舵面的偏转对其微分 $\dot{p},\dot{q},\dot{r}$ 具有重要的直接影响。控制舵面的偏转主要产生力矩，而非直接力，力矩对角加速度的变化有直接影响[130]。

把 α,β,μ 划分为慢状态，是因为控制舵面的偏转对其微分 $\dot{\alpha},\dot{\beta},\dot{\mu}$ 的直接影响非常小。对 $\dot{\alpha},\dot{\beta},\dot{\mu}$ 产生直接影响的主要是 p,q,r。

V,γ,χ 用来描述飞机质心位置相对于地面坐标系的速度矢量，被定义为非常慢状态。其微分 $\dot{V},\dot{\gamma},\dot{\chi}$ 与作用于飞机上的力有关，但主要影响 $\dot{V},\dot{\gamma},\dot{\chi}$ 的是 α,β,μ。

x,y,h 用来描述飞机相对于地面坐标系的位置，是飞机所有状态变量中变化最慢的，因此被定义为极慢状态。它是 V,γ,χ 相对于时间的积分。

上述 4 个动态子系统共同构成了飞行控制的大系统，各个子系统之间按时标分离的原则选择不同的带宽。

从飞机方程式(2.1) ~ 式(2.12) 中可以看出，状态变量 x,y,h,χ 与状态变量 $V,\gamma,\alpha,\beta,\mu,p,q,r$ 之间相互解耦，因此具有耦合关系的 8 个状态变量 $V,\gamma,\alpha,\beta,\mu,p,q,r$ 是本章研究的重点。在设计非线性动态逆控制律时，主要针对这 8 个状态变量中的快状态变量和慢状态变量分别进行设计。

3.2.1 超机动飞机快状态回路非线性动态逆控制律设计

对于快状态向量 $\boldsymbol{x}_3=[p\quad q\quad r]^{\mathrm{T}}$ 来说，式(2.10) ~ 式(2.12) 可以表示为

$$\dot{\boldsymbol{x}}_3=f_3(\boldsymbol{x}_3)+\boldsymbol{G}_m\begin{bmatrix}l\\m\\n\end{bmatrix}\tag{3.15}$$

式(3.15) 中，$f_3(\boldsymbol{x}_3)$ 为一个 3 阶列向量，可以表示为

$$f_3(\boldsymbol{x}_3)=\begin{bmatrix}\dfrac{I_{xz}(I_{xx}-I_{yy}+I_{zz})pq+[I_{zz}(I_{yy}-I_{xx})-I_{xz}^2]qr}{I_{xx}I_{zz}-I_{xz}^2}\\ \dfrac{(I_{zz}-I_{xx})pr+I_{xz}(r^2-p^2)}{I_{yy}}\\ \dfrac{[I_{xx}(I_{xx}-I_{yy})+I_{xz}^2)]pq-I_{xz}(I_{xx}-I_{yy}+I_{zz})qr}{I_{xx}I_{zz}-I_{xz}^2}\end{bmatrix}\tag{3.16}$$

$\boldsymbol{G}_m$ 是一个 3×3 阶的矩阵，可以表示为

$$\boldsymbol{G}_m=\begin{bmatrix}\dfrac{I_{zz}}{I_{xx}I_{zz}-I_{xz}^2} & 0 & \dfrac{I_{xz}}{I_{xx}I_{zz}-I_{xz}^2}\\ 0 & \dfrac{1}{I_{yy}} & 0\\ \dfrac{I_{xz}}{I_{xx}I_{zz}-I_{xz}^2} & 0 & \dfrac{I_{xx}}{I_{xx}I_{zz}-I_{xz}^2}\end{bmatrix}$$

根据式(2.23) 中气动系数的取值，假设 $C_{m0}(\alpha)-C_{m\delta_c}(\alpha,\delta_c)\delta_{c0}(\alpha)\approx0$。

由式(2.22) ~ 式(2.24) 可得

$$\begin{bmatrix} l \\ m \\ n \end{bmatrix} = \boldsymbol{G}_A \begin{bmatrix} p \\ q \\ r \end{bmatrix} + \boldsymbol{G}_B \begin{bmatrix} \delta_a \\ \delta_c \\ \delta_r \\ \delta_y \\ \delta_z \end{bmatrix} \tag{3.17}$$

式(3.17) 中，$\boldsymbol{G}_A$ 是一个 3×3 阶的矩阵，可以表示为

$$\boldsymbol{G}_A = \begin{bmatrix} \bar{q}Sb^2C_{lp}\dfrac{1}{2V} & 0 & \bar{q}Sb^2C_{lr}\dfrac{1}{2V} \\ 0 & \bar{q}S\bar{c}^2C_{mq}\dfrac{1}{2V} & 0 \\ \bar{q}Sb^2C_{np}\dfrac{1}{2V} & 0 & \bar{q}Sb^2C_{nr}\dfrac{1}{2V} \end{bmatrix}$$

$\boldsymbol{G}_B$ 是一个 3×5 阶的矩阵，可以表示为

$$\boldsymbol{G}_B = \begin{bmatrix} \bar{q}SbC_{l\delta_a} & 0 & \bar{q}SbC_{l\delta_r} & 0 & 0 \\ 0 & \bar{q}S\bar{c}C_{m\delta_c} & 0 & 0 & TX_T\dfrac{\pi}{180} \\ \bar{q}SbC_{n\delta_a} & 0 & \bar{q}SbC_{n\delta_r} & -TX_T\dfrac{\pi}{180} & 0 \end{bmatrix}$$

求取快状态回路的仿射非线性方程，假设其他状态量为常数，选取 $\boldsymbol{u}$ 作为快状态回路的控制量，其中 $\boldsymbol{u}$ 是由 5 个控制舵面偏转信号组成的控制向量

$$\boldsymbol{u} = [\delta_a \quad \delta_c \quad \delta_r \quad \delta_y \quad \delta_z]^{\mathrm{T}}$$

将式(3.17) 代入式(3.15) 中，可以得到快状态回路的仿射非线性方程：

$$\dot{\boldsymbol{x}}_3 = f_f(\boldsymbol{x}_3) + g_f(\boldsymbol{x}_3)\boldsymbol{u} \tag{3.18}$$

式(3.18) 中，$f_f(\boldsymbol{x}_3)$ 为一个 3 阶列向量，可以表示为

$$f_f(\boldsymbol{x}_3) = f_3(\boldsymbol{x}_3) + \boldsymbol{G}_m\boldsymbol{G}_A\begin{bmatrix} p \\ q \\ r \end{bmatrix} \tag{3.19}$$

$g_f(\boldsymbol{x}_3)$ 是一个 3×5 阶的矩阵，可以表示为

$$g_f(\boldsymbol{x}_3) = \boldsymbol{G}_m\boldsymbol{G}_B \tag{3.20}$$

设计快状态回路非线性动态逆控制律的目的，是构造合适的控制向量 $\boldsymbol{u}_c$，使得快状态子系统的输出向量 $\boldsymbol{y}_3$ 能够跟踪慢状态控制律产生的控制命令 $\boldsymbol{y}_{3\mathrm{ref}}$，以产生期望的输出 $\boldsymbol{y}_{3\mathrm{des}}$。

通常选取快状态向量 $\boldsymbol{x}_3$ 作为快状态子系统的输出向量，即

$$\boldsymbol{y}_3 = \boldsymbol{x}_3 \tag{3.21}$$

快状态子系统的参考输出 $\boldsymbol{y}_{3\mathrm{ref}}$ 则由慢状态控制器产生，将其定义为

$$\boldsymbol{y}_{3\mathrm{ref}} = [p_c \quad q_c \quad r_c]^{\mathrm{T}}$$

根据式(3.13)，快状态子系统期望的控制向量 $\boldsymbol{u}_{fc}$ 可以表示为

$$\boldsymbol{u}_{fc} = g_f^{-1}(\boldsymbol{x}_3)[\dot{\boldsymbol{y}}_{3\mathrm{des}} - f_f(\boldsymbol{x}_3)] \tag{3.22}$$

式(3.22) 中，$\boldsymbol{y}_{3\mathrm{des}}$ 定义为快状态子系统期望的动态输出向量，可以表示为

$$\boldsymbol{y}_{3\mathrm{des}} = [p_{\mathrm{des}} \quad q_{\mathrm{des}} \quad r_{\mathrm{des}}]^{\mathrm{T}}$$

将式(3.22) 代入式(3.18) 中，可以得到解耦后的快状态回路模型：

$$\boldsymbol{x}_3 = \frac{1}{s}\left[f_f(\boldsymbol{x}_3) + g_f(\boldsymbol{x}_3)\, g_f^{-1}(\boldsymbol{x}_3)\,(\dot{\boldsymbol{y}}_{3\text{des}} - f_f(\boldsymbol{x}_3))\right] \tag{3.23}$$

式(3.23)中的 $g_f^{-1}(\boldsymbol{x}_3)$ 为 $g_f(\boldsymbol{x}_3)$ 的右逆。由于 $g_f(\boldsymbol{x}_3)$ 为一个 3×5 阶的矩阵，所以不存在一般意义上的逆，$g_f^{-1}(\boldsymbol{x}_3)$ 是 $g_f(\boldsymbol{x}_3)$ 的广义逆矩阵，且满足如下关系：

$$g_f(\boldsymbol{x}_3)\, g_f^{-1}(\boldsymbol{x}_3) = \boldsymbol{I}_{3\times3} \tag{3.24}$$

根据式(3.24)，式(3.23)可表达为

$$\boldsymbol{x}_3 = \frac{1}{s}\boldsymbol{I}_{3\times3}\,\dot{\boldsymbol{y}}_{3\text{des}} \tag{3.25}$$

对于快状态子系统而言，其完美的非线性动态逆控制原理可用图 3－4 来描述。

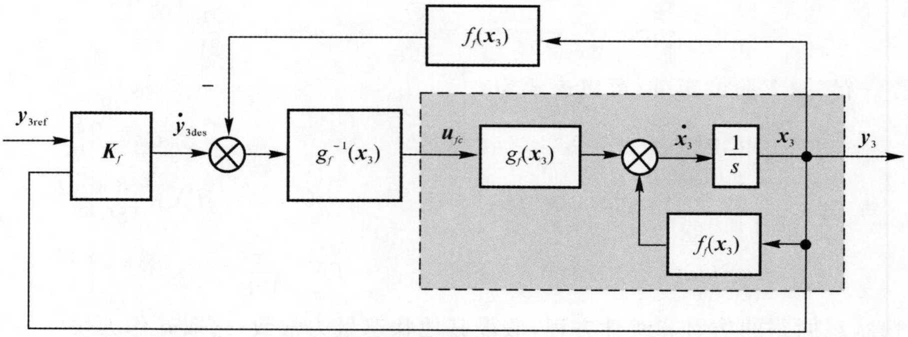

图 3－4　快状态子系统完美的非线性动态逆控制原理图

下面介绍一种设计快状态子系统控制器 $\boldsymbol{K}_f$ 的方法。经典的结构是采用平行的 PI 控制器，如图 3－5 所示。

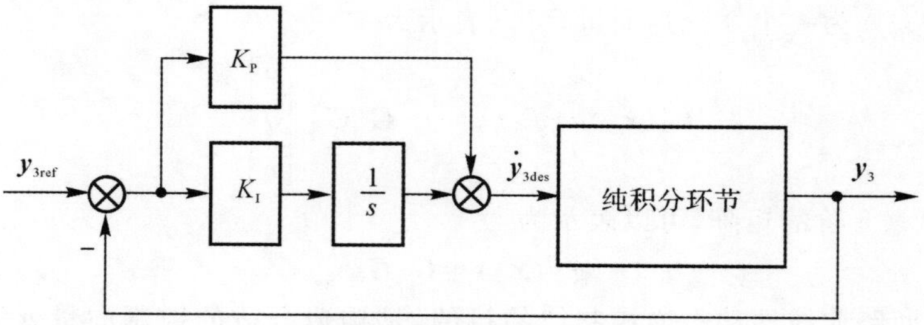

图 3－5　快状态子系统 PI 控制器结构图

如图 3－5 所示，引入 PI 控制器后的快状态子系统的闭环传递函数为

$$\frac{\boldsymbol{y}_3}{\boldsymbol{y}_{3\text{ref}}} = \frac{sK_\text{P} + K_\text{I}}{s^2 + sK_\text{P} + K_\text{I}} \tag{3.26}$$

PI 控制器在 $s = -K_\text{I}/K_\text{P}$ 时引入了一个零点。对于 PI 控制器来说，最好不存在零点。若使用比例控制就能够满足跟踪要求，最简便的方法是去掉积分控制环节，即

$$\frac{\boldsymbol{y}_3}{\boldsymbol{y}_{3\text{ref}}} = \frac{K_\text{P}}{s + K_\text{P}} \tag{3.27}$$

快状态子系统去掉积分环节后，快状态变量 p,q,r 的期望动态特性就能够写成

$$\begin{bmatrix} \dot{p}_{\text{des}} \\ \dot{q}_{\text{des}} \\ \dot{r}_{\text{des}} \end{bmatrix} = \begin{bmatrix} \omega_p & 0 & 0 \\ 0 & \omega_q & 0 \\ 0 & 0 & \omega_r \end{bmatrix} \left(\begin{bmatrix} p_c \\ q_c \\ r_c \end{bmatrix} - \begin{bmatrix} p \\ q \\ r \end{bmatrix} \right) \tag{3.28}$$

其中，$\dot{p}_{\text{des}}$，$\dot{q}_{\text{des}}$，$\dot{r}_{\text{des}}$ 是期望的角加速度信号；ω_p，ω_q，ω_r 则分别为 p，q，r 三个平行回路的对应比例系数，同时这些比例系数也决定了闭环系统的带宽。

根据非线性动态逆控制的基本原理，结合式(3.27) 可以构造出快状态子系统的非线性动态逆控制结构，如图 3－6 所示。

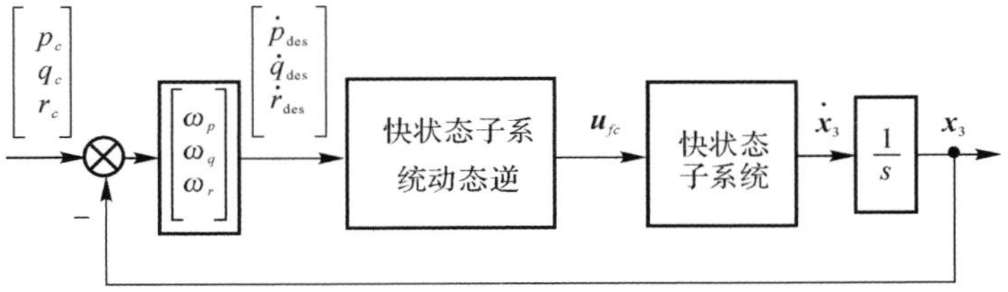

图 3－6　快状态子系统完美的非线性动态逆控制结构图

其中，快状态子系统控制输入向量的表达式为

$$\boldsymbol{u}_{fc} = g_f^{-1}(\boldsymbol{x}_3) \left[\begin{bmatrix} \dot{p}_{\text{des}} \\ \dot{q}_{\text{des}} \\ \dot{r}_{\text{des}} \end{bmatrix} - f_f(\boldsymbol{x}_3) \right] \tag{3.29}$$

若飞机运动方程输出的快状态就是控制器输入的理想状态，则式(3.28) 就是快状态回路的理想控制律。

如果使用比例控制不能够很好地满足状态跟踪的要求，一种有效的方法就是把如图 3－5 所示的 PI 控制器改进为如图 3－7 所示的 PI 控制器。

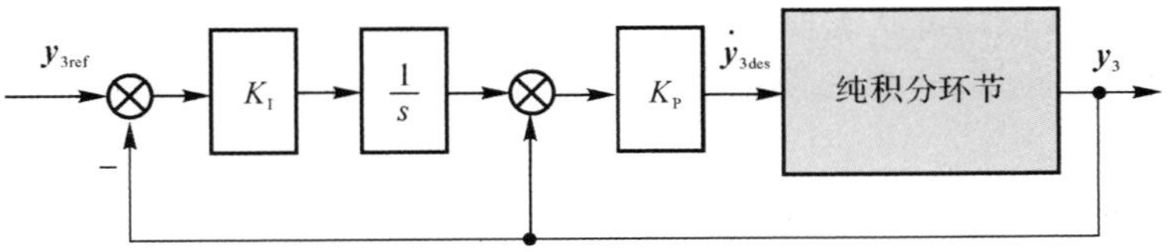

图 3－7　快状态子系统改进后的 PI 控制器结构图

改进后的 PI 控制器和快状态子系统的闭环传递函数为

$$\frac{\boldsymbol{y}_3}{\boldsymbol{y}_{3\text{ref}}} = \frac{K_P K_I}{s^2 + sK_P + K_P K_I} \tag{3.30}$$

式(3.30) 与式(3.26) 具有相同的分母，但消除了闭环零点。与式(3.27) 相比，式(3.30) 是一个二阶系统，对系统动态响应的调节将更加灵活。

3.2.2　超机动飞机慢状态回路非线性动态逆控制律设计

由图 3－3 可知，慢状态向量 $\boldsymbol{x}_2 = [\alpha \quad \beta \quad \mu]^T$ 构成的慢状态子系统以快状态子系统的输出 $\boldsymbol{y}_3$ 作为其输入，其状态改变不受各个舵面偏转的直接影响，因此本章在构建慢状态回路的仿射非线性方程时，忽略了各个舵面偏转对慢状态向量 $\boldsymbol{x}_2=[\alpha \quad \beta \quad \mu]^{\mathrm{T}}$ 的影响，定义慢状态子系统的输入量为 $\boldsymbol{x}_3=[p \quad q \quad r]^{\mathrm{T}}$（假设快状态子系统的状态量 $\boldsymbol{x}_3$ 和输出量 $\boldsymbol{y}_3$ 相同），并假设 V,γ 为常量，由式(2.7) ～ 式(2.9) 以及相应的气动系数和推力矢量控制表达式，可得慢状态子系统的仿射非线性方程：

$$\dot{\boldsymbol{x}}_2=f_s(\boldsymbol{x}_2)+g_s(\boldsymbol{x}_2)\boldsymbol{x}_3 \tag{3.31}$$

式(3.31) 中的 $f_s(\boldsymbol{x}_2)$ 为一个 3 阶列向量，可表示为

$$f_s(\boldsymbol{x}_2)=\begin{bmatrix} f_\alpha(\boldsymbol{x}_2) \\ f_\beta(\boldsymbol{x}_2) \\ f_\mu(\boldsymbol{x}_2) \end{bmatrix} \tag{3.32}$$

其中

$$f_\alpha(\boldsymbol{x}_2)=\frac{Mg\cos\gamma\cos\mu-\tilde{L}-T_x\sin\alpha}{MV\cos\beta} \tag{3.33}$$

$$f_\beta(\boldsymbol{x}_2)=\frac{\tilde{Y}\cos\beta+Mg\cos\gamma\sin\mu-T_x\sin\beta\cos\alpha}{MV} \tag{3.34}$$

$$f_\mu(\boldsymbol{x}_2)=\frac{(\tilde{L}+T_x\sin\alpha)(\tan\gamma\sin\mu+\tan\beta)+\tilde{Y}\tan\gamma\cos\mu\cos\beta}{MV}-\frac{Mg\cos\gamma\cos\mu\tan\beta+T_x\cos\alpha\tan\gamma\cos\mu\sin\beta}{MV} \tag{3.35}$$

式(3.33) ～ 式(3.35) 中，$\tilde{L}=\bar{q}SC_{L\alpha}(\alpha)\alpha$，$\tilde{Y}=\bar{q}SC_{Y\beta}(\alpha,\beta)\beta$。

式(3.31) 中，$g_s(\boldsymbol{x}_2)$ 是一个 3×3 阶的矩阵，其表达式为

$$g_s(\boldsymbol{x}_2)=\begin{bmatrix} -\tan\beta\cos\alpha & 1 & -\tan\beta\sin\alpha \\ \sin\alpha & 0 & -\cos\alpha \\ \sec\beta\cos\alpha & 0 & \sec\beta\sin\alpha \end{bmatrix} \tag{3.36}$$

设计慢状态回路非线性动态逆控制律的目的，是构造合适的控制向量 $\boldsymbol{u}_c$ 使得慢状态子系统的输出向量 $\boldsymbol{y}_2$ 能够跟踪慢状态控制律产生的控制命令 $\boldsymbol{y}_{2\mathrm{ref}}$，以产生期望的输出 $\boldsymbol{y}_{2\mathrm{des}}$。

通常选取慢状态向量 $\boldsymbol{x}_2$ 作为慢状态子系统的输出向量，即

$$\boldsymbol{y}_2=\boldsymbol{x}_2 \tag{3.37}$$

慢状态子系统的参考输出 $\boldsymbol{y}_{2\mathrm{ref}}$ 由指令发生器产生或由飞行员推拉操纵杆和蹬方向舵踏板产生，可以表示为

$$\boldsymbol{y}_{2\mathrm{ref}}=[\alpha_c \quad \beta_c \quad \mu_c]^{\mathrm{T}}$$

根据式(3.13)，慢状态子系统期望的控制向量 $\boldsymbol{u}_{sc}$ 可以表达为

$$\boldsymbol{u}_{sc}=g_s^{-1}(\boldsymbol{x}_2)[\dot{\boldsymbol{y}}_{2\mathrm{des}}-f_s(\boldsymbol{x}_2)] \tag{3.38}$$

式(3.38) 中，$\boldsymbol{y}_{2\mathrm{des}}$ 定义为快状态子系统期望的动态输出向量，可以表示为

$$\boldsymbol{y}_{2\mathrm{des}}=[\alpha_{\mathrm{des}} \quad \beta_{\mathrm{des}} \quad \mu_{\mathrm{des}}]^{\mathrm{T}}$$

需要注意的是，与快状态子系统的控制向量 $\boldsymbol{u}_{fc}$ 直接作用于快状态子系统的模型不同，慢状态子系统的控制命令 $\boldsymbol{x}_{sc}$ 不会直接作用于慢状态子系统的模型。慢状态子系统的控制命令 $\boldsymbol{x}_{sc}$ 通常被选作快状态子系统的参考输出，即

$$\boldsymbol{u}_{sc}=\boldsymbol{y}_{3\mathrm{ref}}=[p_c \quad q_c \quad r_c]^{\mathrm{T}}$$

根据慢状态子系统的仿射非线性方程式(3.31)，慢状态子系统的输入为快状态子系统模型的状态向量 $\boldsymbol{x}_3$。根据 3.2.1 小节给出的快状态子系统非线性动态逆控制器的设计过程可

知，快状态子系统模型的状态向量 $\boldsymbol{x}_3$ 与其参考输出 $\boldsymbol{y}_{3\text{ref}}$ 之间的闭环传递函数是一个一阶系统或二阶系统。假设将 $\boldsymbol{x}_3$ 与 $\boldsymbol{y}_{3\text{ref}}$ 之间的闭环传递函数能够表示为

$$\frac{\boldsymbol{x}_3}{\boldsymbol{y}_{3\text{ref}}}=G_f(s) \tag{3.39}$$

结合式(3.38)和式(3.39)，快状态子系统模型的状态向量 $\boldsymbol{x}_3$ 可写作

$$\boldsymbol{x}_3=G_f(s)g_s^{-1}(\boldsymbol{x}_2)[\dot{\boldsymbol{y}}_{2\text{des}}-f_s(\boldsymbol{x}_2)] \tag{3.40}$$

将式(3.40)代入式(3.31)，可以得到解耦后的快状态回路模型：

$$\boldsymbol{x}_2=\frac{1}{s}G_f(s)[f_s(\boldsymbol{x}_2)+g_s(\boldsymbol{x}_2)g_s^{-1}(\boldsymbol{x}_2)(\dot{\boldsymbol{y}}_{2\text{des}}-f_s(\boldsymbol{x}_2))] \tag{3.41}$$

式(3.41)中的 $g_s^{-1}(\boldsymbol{x}_2)$ 为 $g_s(\boldsymbol{x}_2)$ 的右逆。$g_s(\boldsymbol{x}_2)$ 为一个 3×3 阶的矩阵，$g_s^{-1}(\boldsymbol{x}_2)$ 和 $g_s(\boldsymbol{x}_2)$ 之间存在如下关系：

$$g_s(\boldsymbol{x}_2)g_s^{-1}(\boldsymbol{x}_2)=\boldsymbol{I}_{3\times3} \tag{3.42}$$

进而，式(3.41)可表达为

$$\boldsymbol{x}_2=\frac{1}{s}G_f(s)\dot{\boldsymbol{y}}_{2\text{des}} \tag{3.43}$$

对于慢状态子系统而言，其完美的非线性动态逆控制原理可用图 3-8 来描述。

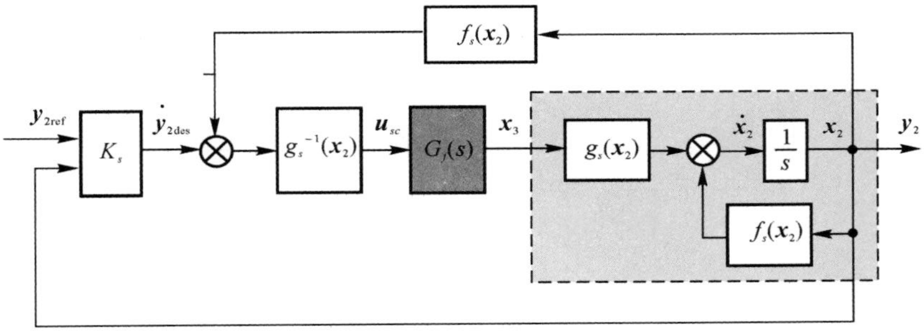

图 3-8　慢状态子系统完美的非线性动态逆控制原理图

确定慢状态子系统控制器 $\boldsymbol{K}_s$ 的方法与确定快状态子系统控制器 $\boldsymbol{K}_f$ 的方法相似，也采用平行的 PI 控制器结构，如图 3-9 所示。

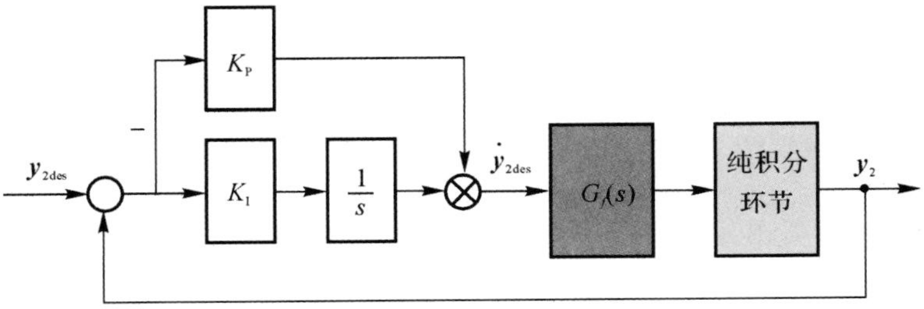

图 3-9　慢状态子系统 PI 控制结构图

类似地，图 3-9 所示的 PI 控制器和慢状态子系统的闭环传递函数为

$$\frac{\boldsymbol{y}_2}{\boldsymbol{y}_{2\text{ref}}}=\frac{(sK_\text{P}+K_\text{I})G_f}{s^2+(sK_\text{P}+K_\text{I})G_f} \tag{3.44}$$

很明显，慢状态子系统的PI控制器也在 $s=-K_\text{I}/K_\text{P}$ 时引入一个零点。同3.2.1小节中消

除零点的方法类似，可以通过去掉积分环节或改进上述 PI 控制器的方法来消除零点。下面介绍通过去掉积分环节来消除零点的方法。

假设使用比例控制就能够满足跟踪要求，去掉积分控制环节后，式(3.44) 可以重写为

$$\frac{\boldsymbol{y}_2}{\boldsymbol{y}_{2\mathrm{ref}}}=\frac{K_{\mathrm{P}}}{s+K_{\mathrm{P}}} \tag{3.45}$$

类似地，去掉积分环节后，慢状态变量 α,β,μ 的期望动态特性能够写成

$$\begin{bmatrix}\dot{\alpha}_{\mathrm{des}}\\ \dot{\beta}_{\mathrm{des}}\\ \dot{\mu}_{\mathrm{des}}\end{bmatrix}=\begin{bmatrix}\omega_\alpha & 0 & 0\\ 0 & \omega_\beta & 0\\ 0 & 0 & \omega_\mu\end{bmatrix}\left(\begin{bmatrix}\alpha_c\\ \beta_c\\ \mu_c\end{bmatrix}-\begin{bmatrix}\alpha\\ \beta\\ \mu\end{bmatrix}\right) \tag{3.46}$$

其中，$\omega_\alpha,\omega_\beta,\omega_\mu$ 分别为 α,β,μ 三个平行回路的对应比例系数，同时这些比例系数也决定了闭环系统的带宽。

一般而言，慢状态子系统带宽的取值要比快状态子系统带宽的取值小。

根据非线性动态逆控制的基本原理，结合式(3.46) 可以获得慢状态子系统的非线性动态逆控制结构，如图 3 - 10 所示。

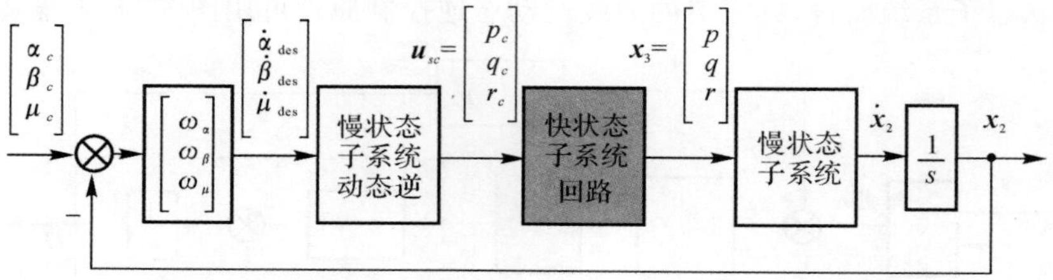

图 3 - 10　慢状态子系统完美的非线性动态逆控制结构图

其中，慢状态子系统控制输入向量的表达式为

$$\boldsymbol{u}_{sc}=g_s^{-1}(\boldsymbol{x}_2)\left[\begin{bmatrix}\dot{p}_{\mathrm{des}}\\ \dot{q}_{\mathrm{des}}\\ \dot{r}_{\mathrm{des}}\end{bmatrix}-f_s(\boldsymbol{x}_2)\right] \tag{3.47}$$

如果使用比例控制不能够很好地满足状态跟踪要求，也可以使用图 3 - 7 所示的改进后的 PI 控制器。

结合 3.2.1 节中给出的快状态子系统非线性动态逆控制回路和 3.2.2 节中给出的慢状态子系统非线性动态逆控制回路，可以得到超机动飞机的整体非线性动态逆控制结构，如图 3 - 11 所示。

从图 3 - 11 中可以看出，控制量 α_c,β_c,μ_c 没有直接对各个控制舵面产生影响，而是产生控制指令 p_c,q_c,r_c，进而由 p_c,q_c,r_c 来生成各个控制舵面的偏转指令。

3.3　超机动飞机非线性动态逆控制器仿真验证

根据第 2 章给出的超机动飞机数学模型，本章在 Simulink 仿真平台下构建了超机动飞机仿真模型，用于验证所设计超机动飞机非线性动态逆控制器的控制效果。本章构建的超机动

飞机 Simulink 仿真模型如图 3－12～图 3－14 所示。

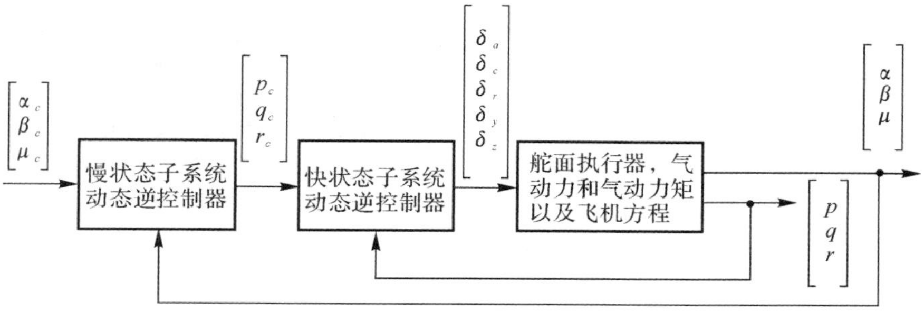

图 3－11　超机动飞机非线性动态逆控制结构图

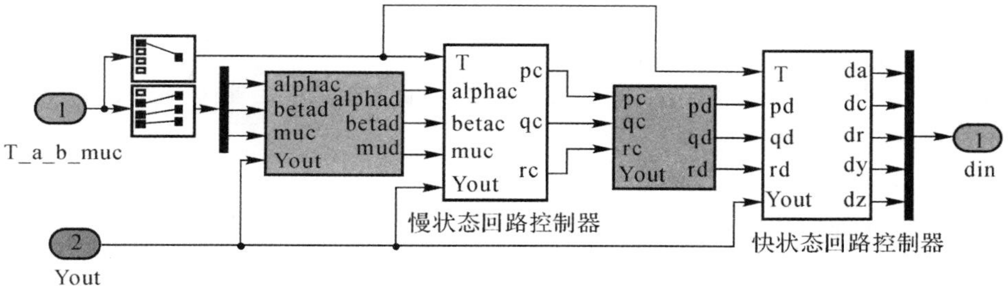

图 3－12　非线性动态逆控制器的 Simulink 模型

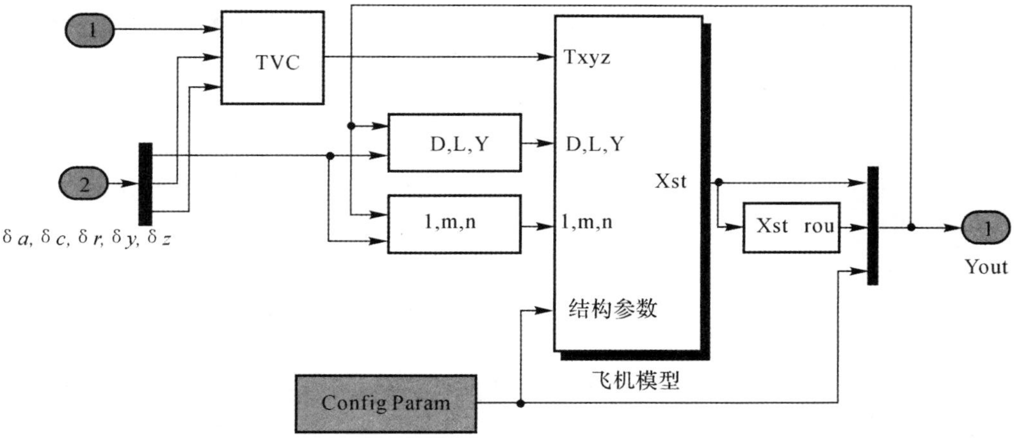

图 3－13　超机动飞机的 Simulink 模型

下面采用图 3－14 给出的 Simulink 模型仿真验证前面设计的非线性动态逆控制器。本节分别通过指令跟踪和完成眼镜蛇(Cobra)机动来进行仿真验证非线性动态逆控制器的控制效果。

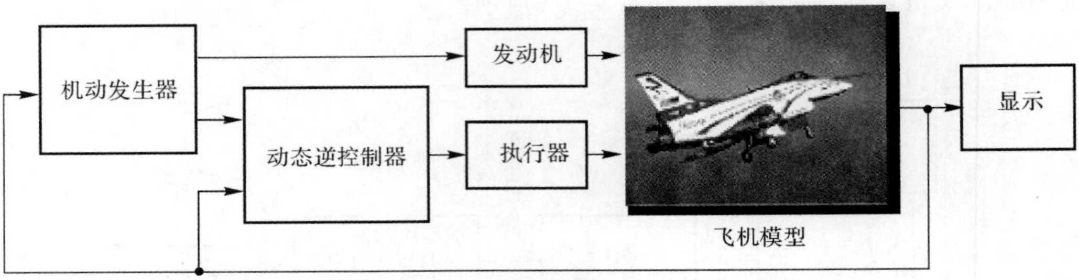

图 3-14 超机动飞机整体 Simulink 模型

3.3.1 指令跟踪

指令跟踪的目的是验证所设计的非线性动态逆控制器对由指令发生器产生或由飞行员推拉操纵杆和蹬方向舵踏板所产生的指令的响应能力。

通过 Simulink 仿真模型验证指令跟踪，假设飞机当前处于定速平飞状态，飞行高度 $h=1$ km，空速 $V=100$ m/s。

1. 迎角指令跟踪

假设指令发生器产生的指令分别为$\beta_c=0°$，$\mu_c=0°$，α_c 的初始值为 0°，先在第 4 s时输入一个幅值为 5° 的阶跃信号，持续到第 8 s 结束；然后在第 12 s 时输入一个幅值为 5° 的负阶跃信号，持续到第 16 s 结束。采用非线性动态逆控制器跟踪输入指令 α_c，β_c，μ_c，仿真结果分别如图 3-15 和图 3-16 所示。

图 3-15 中虚线表示的是各个控制指令 α_c，β_c，μ_c，p_c，q_c，r_c，实线表示的是系统实际的状态变量 α，β，μ，p，q，r。从图 3-15 可以看出，采用本章所设计的非线性动态逆控制器，慢状态变量 α，β，μ 对控制指令 α_c，β_c，μ_c 进行的调节时间跟踪需要约 1 s。而快状态变量 p，q，r 则可以很快地实现对慢状态子系统非线性动态逆控制器产生的指令 p_c，q_c，r_c 的跟踪。

从图 3-16 可以看出，随着 α，β，μ 完成对控制指令 α_c，β_c，μ_c 的跟踪，各个控制舵面的偏转均保持在一个稳定的数值，并且推力矢量控制舵面对状态 p，q，r 快速跟踪控制指令 p_c，q_c，r_c 具有一定的作用。

2. 迎角和侧滑角指令跟踪

假设指令发生器产生的指令分别为 $\mu_c=0°$，α_c 的初始值为 0°，在第 4 s 时输入一个幅值为 5° 的阶跃信号，持续到第 8 s 结束；β_c 的初始值为 0°，在第 4 s 时输入一个幅值为 5° 的阶跃信号，持续到第 8 s 结束。采用非线性动态逆控制器跟踪输入指令 α_c，β_c，μ_c，仿真结果分别如图 3-17 和图 3-18 所示。

图 3-17 中虚线表示的是控制指令 α_c，β_c，μ_c，p_c，q_c，r_c，实线表示的是系统实际的状态变量 α，β，μ，p，q，r。从图 3-17 可以看出，对迎角 α 和侧滑角 β 指令同时跟踪是一个纵向和横侧向相互耦合的运动过程，迎角 α 和侧滑角 β 同时变化会引起航迹倾角 μ 的变化，这符合实际情形。仿真结果表明，采用所设计的非线性动态逆控制器对控制指令 α_c，β_c，μ_c 能够较好地进行跟踪。

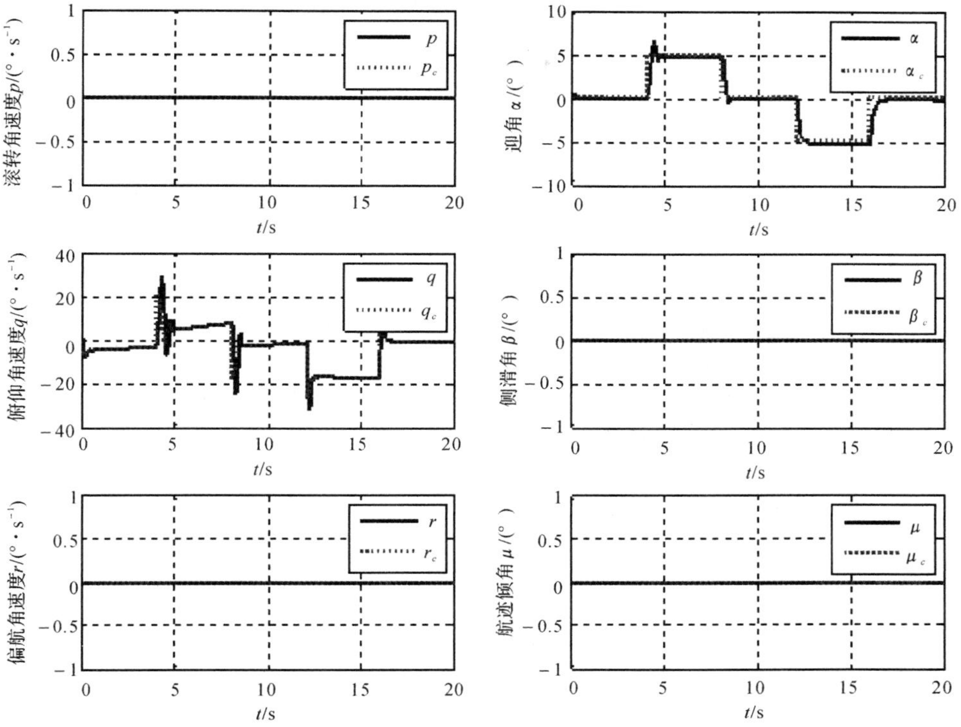

图 3-15　对各个状态变量的指令跟踪效果示意图

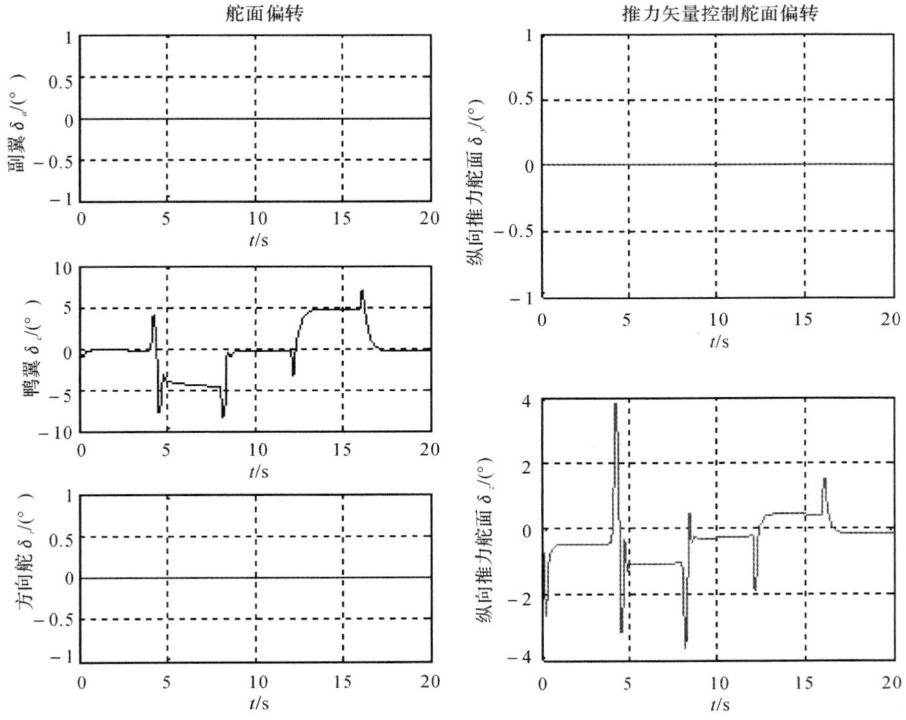

图 3-16　指令跟踪时各个控制舵面偏转示意图

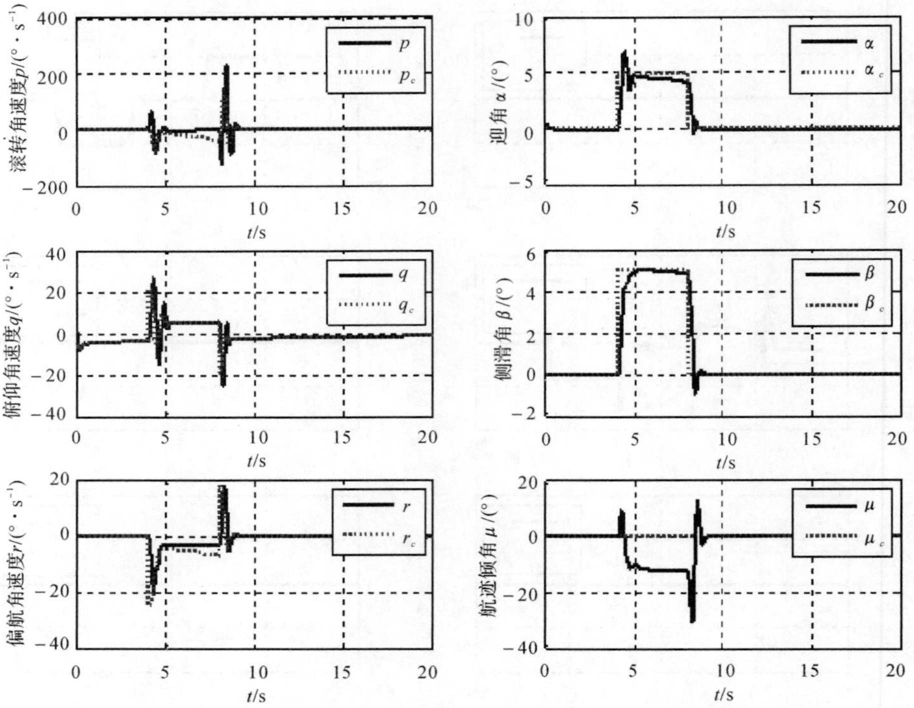

图 3-17　对各个状态变量的指令跟踪效果示意图

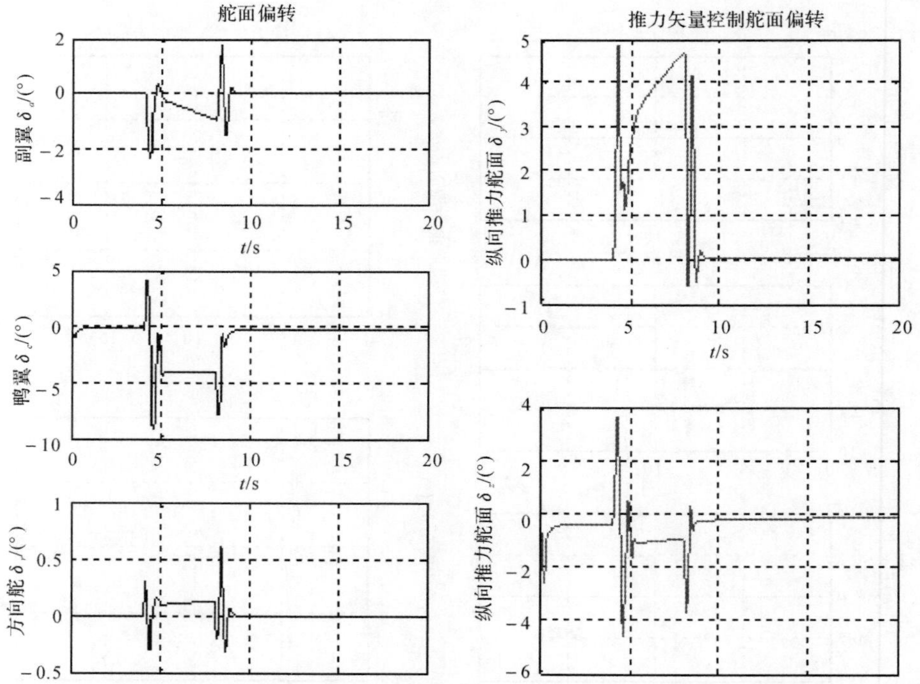

图 3-18　指令跟踪时各个控制舵面偏转示意图

从图 3-18 可以看出，随着 α，β，μ 完成对控制指令 α_c，β_c，μ_c 的跟踪，各个控制舵面的偏转均保持在一个稳定的数值，且推力矢量控制舵面对 p，q，r 快速跟踪控制指令 p_c，q_c，r_c 具有一定的作用。

3.迎角和航迹倾角指令跟踪

假设指令发生器产生的指令分别为 $\beta_c=0°$，α_c 的初始值为 0°，先在第 4 s 时输入一个幅值为 5° 的阶跃信号，持续到第 8 s 结束；μ_c 的初始值为 0°，在第 4 s 时输入一个幅值为 5° 的阶跃信号，持续到第 8 s 结束；然后在第 12 s 时输入一个幅值为 5° 的负阶跃信号，持续到第 16 s 时结束。采用非线性动态逆控制器跟踪输入指令 α_c，β_c，μ_c，仿真结果如图 3-19 和图 3-20 所示。

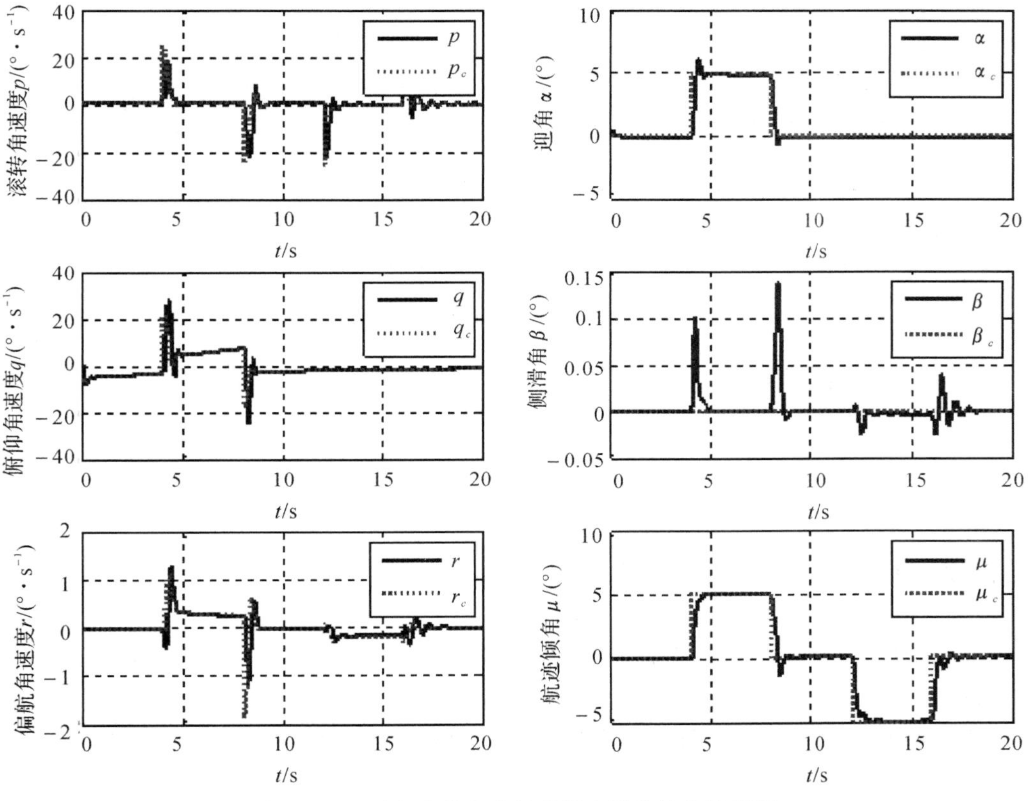

图 3-19　对各个状态变量的指令跟踪效果示意图

图 3-19 中虚线表示的是控制指令 α_c，β_c，μ_c，p_c，q_c，r_c，实线表示的是系统状态变量 α，β，μ，p，q，r。从图 3-19 可以看出，对迎角 α 和航迹倾角 μ 指令同时跟踪也是一个纵向和横侧向相互耦合的运动过程，迎角 α 和航迹倾角 μ 同时变化也会引起侧滑角 β 的变化，这符合实际情形。仿真结果表明采用所设计的非线性动态逆控制器对控制指令 α_c，β_c，μ_c 能够较好地进行跟踪。

从图 3-20 可以看出，随着 α，β，μ 完成对控制指令 α_c，β_c，μ_c 的跟踪，各个控制舵面的偏转均保持在一个稳定的数值，且推力矢量控制舵面对 p，q，r 快速跟踪控制指令 p_c，q_c，r_c 具有一定的作用。

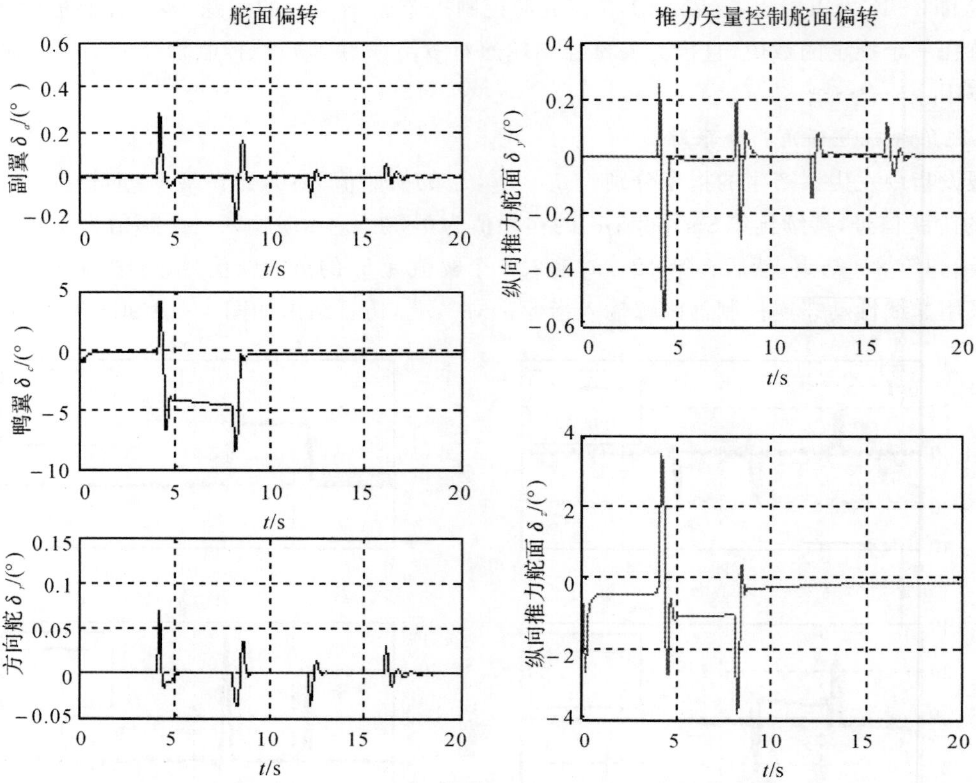

图 3-20　指令跟踪时各个控制舵面偏转示意图

3.3.2　Cobra 机动仿真验证

Cobra 机动仿真验证的目的是验证所设计的非线性动态逆控制器对超机动飞机典型大迎角机动的控制性能。

通过 Simulink 仿真模型验证指令跟踪，假设飞机当前处于定速平飞状态，飞行高度 $h=1$ km，空速 $V=100$ m/s 。

Cobra 机动指令生成：令 β_c 和 μ_c 始终保持为 0；α_c 在 0 ～ 1 s 内取 8°；α_c 在 1 ～ 5 s 内快速增加到 70°，期间 α 也跟踪到 70°；α_c 在 70° 保持 1 s；α_c 在 6 ～ 9 s 内减小到 5°，α 也减小到 5° 。采用非线性动态逆控制器进行 Cobra 机动控制，得到的仿真结果如图 3-21～图 3-25 所示。

图 3-21 和图 3-22 中虚线表示的是控制指令 α_c，μ_c，p_c，q_c，r_c，实线表示的是系统实际的状态变量 α，β，μ，p，q，r 。从仿真结果图 3-21 和图 3-22 可以看出，在 Cobra 机动中，α 先迅速增大至接近 70°，随即又减小到正常状态。在此过程中无侧向偏离，飞行高度 h 和速度 V 会有所变化。从图 3-23 可以看出，在 Cobra 机动中，侧向气动力 Y 和气动力矩 l，n 的取值始终为 0。由仿真结果图 3-24 可知，在进行 Cobra 机动的过程中，鸭翼与纵向推力矢量舵面发生了偏转，产生了相应的纵向通道控制输入，而副翼、方向舵以及侧向推力矢量舵面均未发生偏转，不产生横侧向通道的控制输入，这与 Cobra 机动的运动特征是相符的。由仿真结果图

3-25可知，在进行 Cobra 机动的过程中，会产生很大的纵向过载。

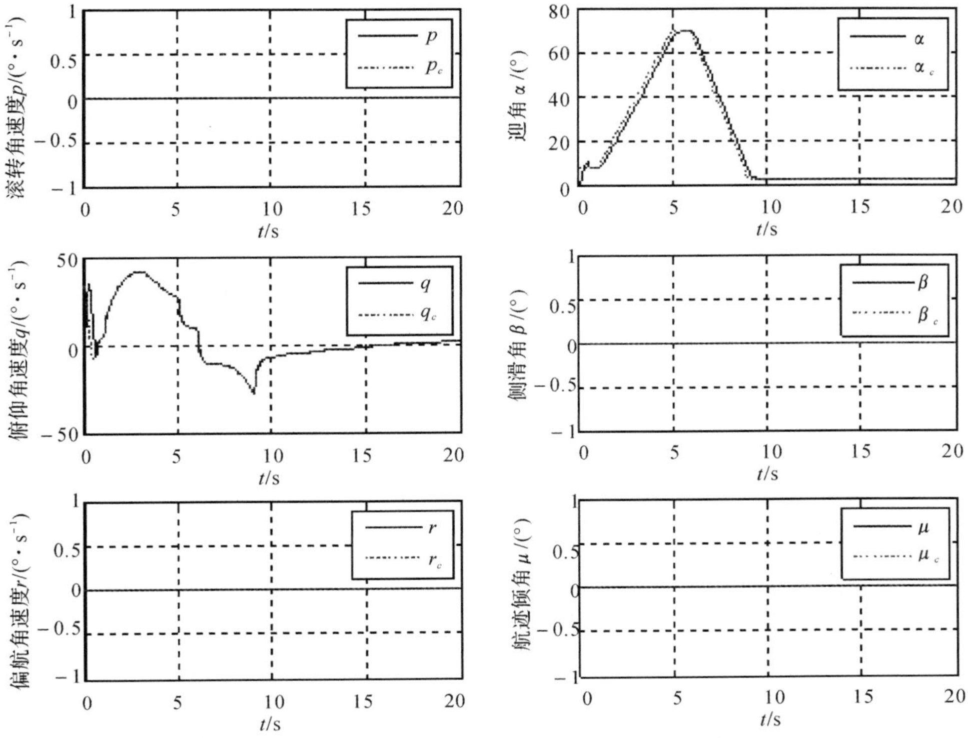

图 3-21　Cobra 机动时 p,q,r,α,β,μ 变化示意图

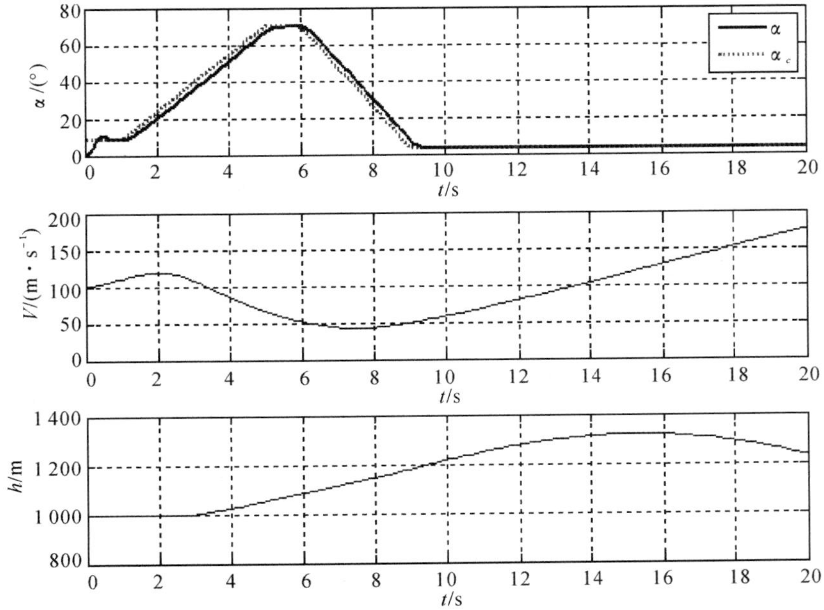

图 3-22　Cobra 机动时 α,V,h 变化示意图

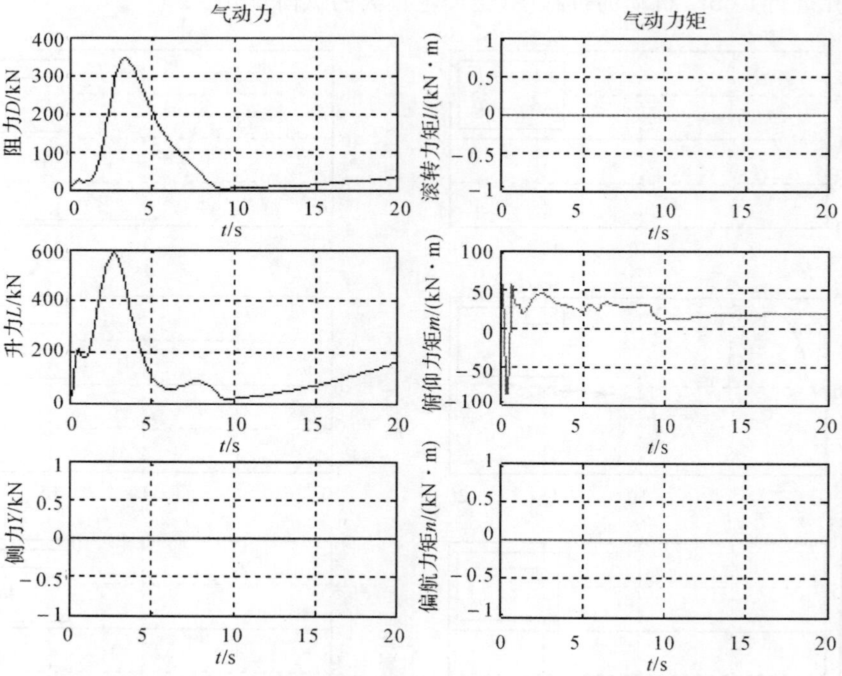

图 3-23　Cobra 机动时气动力和气动力矩变化示意图

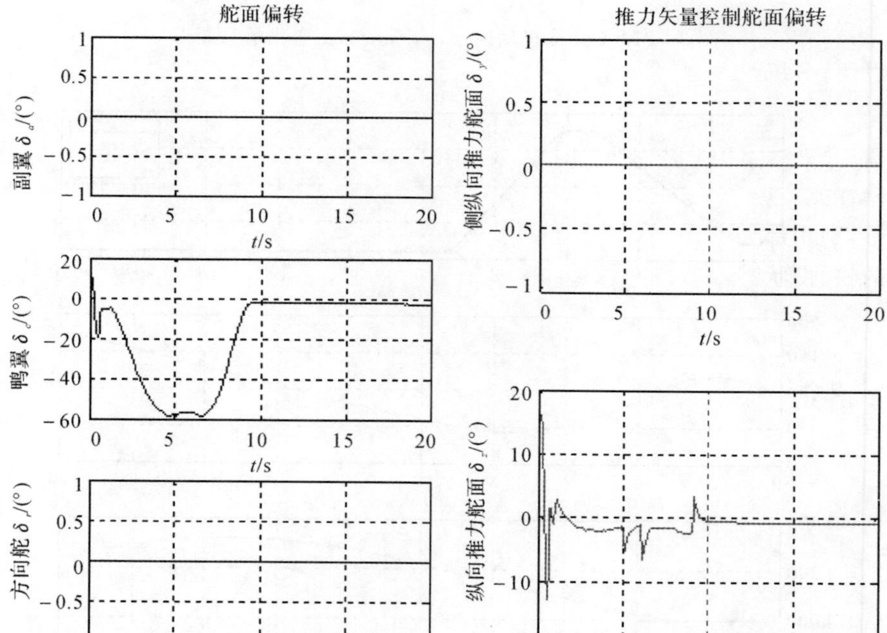

图 3-24　Cobra 机动时各个控制舵面偏转示意图

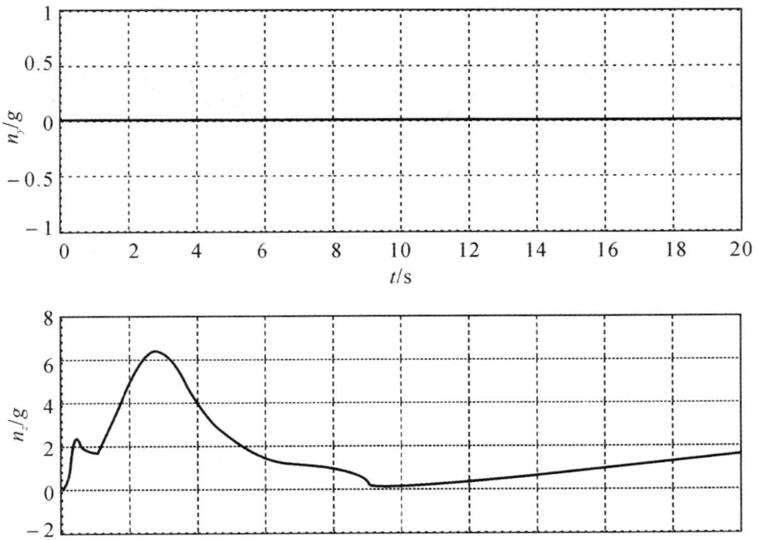

图 3-25　Cobra 机动时的过载变换曲线

3.4　小　　结

本章主要研究了非线性动态逆的基本原理，给出了应用非线性动态逆进行系统解耦和降阶的具体方法，分析了非线性动态逆在进行系统设计时存在的问题。非线性动态逆适用于多变量非线性强耦合系统的控制，应用非线性动态逆对复杂非线性系统进行控制，能够使控制器以固定的增益适应控制条件的大范围变化，但是难以在存在模型误差的条件下保证系统具有良好的鲁棒性能。应用非线性动态逆设计超机动飞机的飞行控制律，主要是在对系统进行解耦的前提下，利用部分逆方法对系统进行求解，使被控变量达到期望的动态特性。最后，分别对所设计的快、慢状态动态逆控制器的控制效果进行了仿真验证，仿真结果证明了所研究的非线性动态逆方法的有效性。

第 4 章　鲁棒非线性动态逆控制方法

完美的非线性动态逆建立在对控制对象完全已知的基础上，通过动态逆控制方法可以完全消除系统动态特性中的非线性。实际上，超机动飞机的飞机模型参数多是不确定的，在设计飞行控制器时必须要考虑到各种模型误差，解决由气动力和气动力矩引起的飞机对象模型参数摄动问题，以提高飞行控制系统的鲁棒性。下面介绍考虑含不确定性的鲁棒非线性动态逆控制方法。

4.1　鲁棒非线性动态逆控制

在非线性动态逆过程中引入不确定性，可能由原来的纯积分环节转换为不稳定系统。下面讨论含不确定性的不完美动态逆控制方法。

4.1.1　含不确定性的非线性动态逆控制模型

考虑非线性系统式(3.1)中 $f(\boldsymbol{x})$ 和 $g(\boldsymbol{x})$ 分别存在建模不确定性 $\delta f(\boldsymbol{x})$ 和 $\delta g(\boldsymbol{x})$ 的情况，含不确定性的非线性微分方程可以描述为

$$\dot{\boldsymbol{x}}(t)=(f(\boldsymbol{x})+\delta f(\boldsymbol{x}))+(g(\boldsymbol{x})+\delta g(\boldsymbol{x}))\boldsymbol{u} \tag{4.1}$$

假设选取状态向量作为系统的输出向量，即

$$\boldsymbol{y}(t)=\boldsymbol{h}(\boldsymbol{x})=\boldsymbol{I}_{n\times n}\boldsymbol{x}(t) \tag{4.2}$$

则有

$$\dot{\boldsymbol{y}}(t)=\boldsymbol{I}_{n\times n}\dot{\boldsymbol{x}}(t)=\boldsymbol{I}_{n\times n}(f(\boldsymbol{x})+\delta f(\boldsymbol{x}))+\boldsymbol{I}_{n\times n}(g(\boldsymbol{x})+\delta g(\boldsymbol{x}))\boldsymbol{u} \tag{4.3}$$

对式(4.3)中的不确定性 $\delta f(\boldsymbol{x})$ 和 $\delta g(\boldsymbol{x})$ 进行归一化处理，可以得到

$$\dot{\boldsymbol{y}}(t)=(\boldsymbol{I}+\boldsymbol{\Delta}_f)f(\boldsymbol{x})+(\boldsymbol{I}+\boldsymbol{\Delta}_g)g(\boldsymbol{x})\boldsymbol{u} \tag{4.4}$$

其中，$\boldsymbol{\Delta}_f=\delta f(\boldsymbol{x})f^{-1}(\boldsymbol{x})\in\mathbf{R}^{n\times n}$ 为 $f(\boldsymbol{x})$ 对应的摄动量；$\boldsymbol{\Delta}_g=\delta g(\boldsymbol{x})g^{-1}(\boldsymbol{x})\in\mathbf{R}^{n\times n}$ 为 $g(\boldsymbol{x})$ 对应的摄动量。

构造合适的控制向量 $\boldsymbol{u}_c(t)$ 使系统输出 $\boldsymbol{y}(t)$ 能够跟踪参考轨迹 $\boldsymbol{y}_{\mathrm{ref}}(t)$，以产生期望的输出 $\boldsymbol{y}_{\mathrm{des}}(t)$。那么，理想的控制向量 $\boldsymbol{u}_c(t)$ 可以表达为

$$\boldsymbol{u}_c(t)=g^{-1}(\boldsymbol{x})[\dot{\boldsymbol{y}}_{\mathrm{des}}(t)-f(\boldsymbol{x})] \tag{4.5}$$

选取状态量 $\boldsymbol{x}$ 作为系统的输出向量 $\boldsymbol{y}$ 时，不完美的非线性动态逆控制原理如图 4－1 所示。

根据图 4－1，$\dot{\boldsymbol{y}}$ 可以重新表达为

$$\begin{aligned}\dot{\boldsymbol{y}}&=(\boldsymbol{I}+\boldsymbol{\Delta}_f)f(\boldsymbol{x})+(\boldsymbol{I}+\boldsymbol{\Delta}_g)g(\boldsymbol{x})\boldsymbol{u}_c=\\&(\boldsymbol{I}+\boldsymbol{\Delta}_f)f(\boldsymbol{x})+(\boldsymbol{I}+\boldsymbol{\Delta}_g)g(\boldsymbol{x})g^{-1}(\boldsymbol{x})(\dot{\boldsymbol{y}}_{\mathrm{des}}-f(\boldsymbol{x}))=\\&(\boldsymbol{I}+\boldsymbol{\Delta}_g)\dot{\boldsymbol{y}}_{\mathrm{des}}+(\boldsymbol{\Delta}_f-\boldsymbol{\Delta}_g)f(\boldsymbol{x})\end{aligned} \tag{4.6}$$

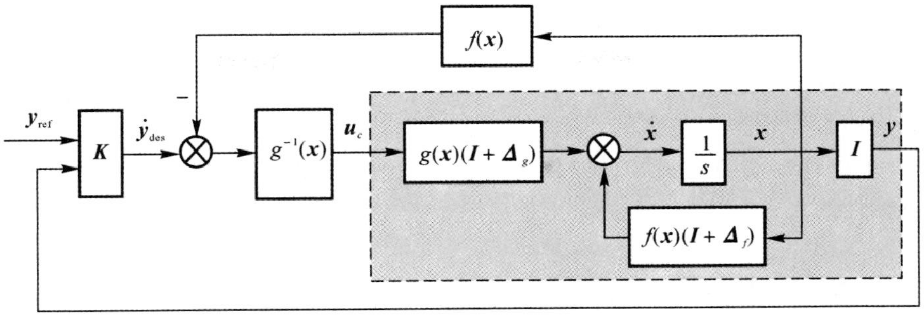

图 4 - 1　不完美的非线性动态逆控制原理图

根据式(4.6)可知,含不确定性的非线性动态逆过程不再是积分模型,而是存在两组不确定项,一组为 $(\boldsymbol{\Delta}_f-\boldsymbol{\Delta}_g)f(\boldsymbol{x})$,是对积分器的直接干扰或加法性干扰;另外一组为 $(\boldsymbol{I}+\boldsymbol{\Delta}_g)\dot{\boldsymbol{y}}_{des}$,是对积分器的乘法性干扰。根据式(4.6)可将图 4 - 1 重新画为图 4 - 2 所示的形式。

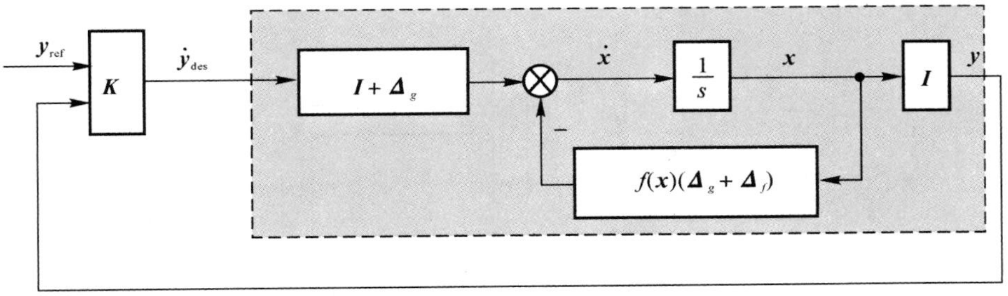

图 4 - 2　含不确定性的非线性动态逆控制原理图

为了分析不确定性对系统稳定性的影响,可将图 4 - 2 转化为图 4 - 3 所示的等价形式。

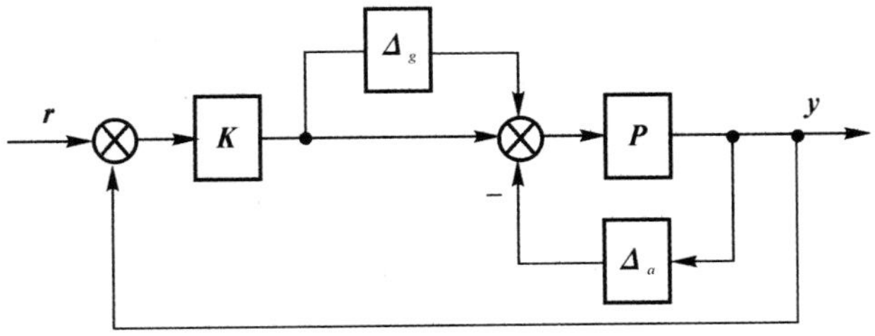

图 4 - 3　等价鲁棒稳定性问题原理图

图 4 - 3 中,$P(s)=\dfrac{1}{s}$,$\boldsymbol{\Delta}_a=f(\boldsymbol{x})(\boldsymbol{\Delta}_g-\boldsymbol{\Delta}_f)$。

根据小增益定理,可知:

1) 对于含不确定性 $\boldsymbol{\Delta}_g$ 的闭环系统,鲁棒稳定的充分条件为

$$\left\|\frac{\boldsymbol{KP}}{1+\boldsymbol{KP}}\right\|_{\infty}\leqslant\frac{1}{\|\boldsymbol{\Delta}_g\|_{\infty}}\tag{4.7}$$

2) 对于含不确定性 $\boldsymbol{\Delta}_a$ 的闭环系统,鲁棒稳定的充分条件为

$$\left\| \frac{P}{1+KP} \right\|_{\infty} \leqslant \frac{1}{\|\Delta_a\|_{\infty}} \tag{4.8}$$

注意，式(4.6) 给出的含不确定性的非线性动态逆模型仍然是线性的，只是干扰项是非线性的。将干扰项看作模型中包含的不确定性，采用鲁棒动态逆控制方法可以设计出针对模型式(4.6) 的一个鲁棒控制器。最常见的设计思路就是采用回路成型方法，使控制回路能够满足范数有界鲁棒性约束。

4.1.2 鲁棒动态逆控制原理

超机动飞机的精确数学模型难以获得，并且在飞行过程中，会受到外部干扰的影响。因此，当存在不确定性时，有必要使用鲁棒控制方法改善超机动飞机飞控系统的鲁棒性能。第 3 章中设计的非线性动态逆控制器没有考虑飞机方程参数不确定性、传感器噪声和风干扰等因素带来的影响[193]。本章通过增加一个 H_∞ 回路成型控制器来降低系统参数不确定性和风干扰等对飞机飞行控制效果的影响[194]。在非线性动态逆控制的基础上增加 H_∞ 回路成型控制器后，系统的控制原理如图 4-4 所示。

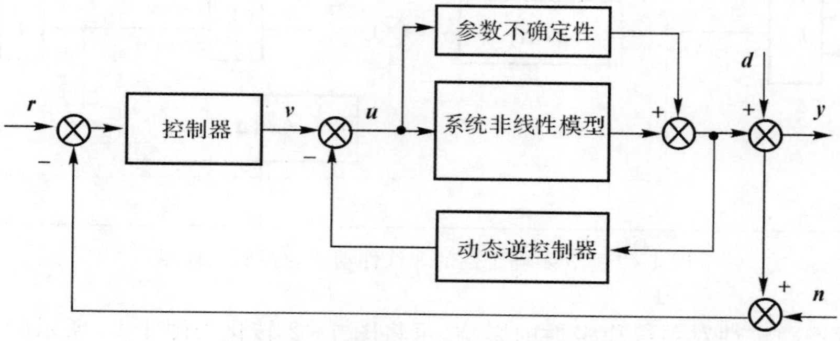

图 4-4　鲁棒动态逆控制系统原理图

应用 H_∞ 回路成型控制，考虑系统参数摄动和外部干扰时，要选取不同的权重函数[195]。选取各个权重函数后，鲁棒动态逆控制系统的结构如图 4-5 所示[196]。

根据图 4-5 可以写出各个变量之间的关系式：

$$\boldsymbol{y}_G = \boldsymbol{G}(\boldsymbol{u} + \boldsymbol{W}_d \boldsymbol{d}) \tag{4.9}$$

$$\boldsymbol{y}_2 = \boldsymbol{W}_n \boldsymbol{n} + \boldsymbol{y}_G = \boldsymbol{W}_n \boldsymbol{n} + \boldsymbol{G}\boldsymbol{W}_d \boldsymbol{d} + \boldsymbol{G}\boldsymbol{u} \tag{4.10}$$

$$\boldsymbol{y}_1 = \boldsymbol{W}_r \boldsymbol{r} - \boldsymbol{y}_2 = \boldsymbol{W}_r \boldsymbol{r} - \boldsymbol{W}_n \boldsymbol{n} - \boldsymbol{G}\boldsymbol{W}_d \boldsymbol{d} - \boldsymbol{G}\boldsymbol{u} \tag{4.11}$$

$$\boldsymbol{z}_1 = \boldsymbol{W}_1(\boldsymbol{T}_m \boldsymbol{W}_r \boldsymbol{r} - \boldsymbol{y}_G) = \boldsymbol{W}_1 \boldsymbol{T}_m \boldsymbol{W}_r \boldsymbol{r} - \boldsymbol{W}_1 \boldsymbol{G}\boldsymbol{W}_d \boldsymbol{d} - \boldsymbol{W}_1 \boldsymbol{G}\boldsymbol{u} \tag{4.12}$$

$$\boldsymbol{z}_2 = \boldsymbol{W}_2 \boldsymbol{u} \tag{4.13}$$

$$\boldsymbol{z}_3 = \boldsymbol{W}_3 \boldsymbol{G}\boldsymbol{W}_d \boldsymbol{d} + \boldsymbol{W}_3 \boldsymbol{G}\boldsymbol{u} \tag{4.14}$$

$$\boldsymbol{z}_4 = \boldsymbol{W}_4 \boldsymbol{y}_1 = \boldsymbol{W}_4 \boldsymbol{W}_r \boldsymbol{r} - \boldsymbol{W}_4 \boldsymbol{W}_n \boldsymbol{n} - \boldsymbol{W}_4 \boldsymbol{G}\boldsymbol{W}_d \boldsymbol{d} - \boldsymbol{W}_4 \boldsymbol{G}\boldsymbol{u} \tag{4.15}$$

其中，系统传递函数 $\boldsymbol{G}$、期望的系统模型 $\boldsymbol{T}_m$ 以及各个权重函数可以用状态空间方程描述：

$$\boldsymbol{G} = \begin{bmatrix} \boldsymbol{A}_G & \boldsymbol{B}_G \\ \boldsymbol{C}_G & \boldsymbol{D}_G \end{bmatrix} \qquad \left. \begin{aligned} \dot{\boldsymbol{x}}_G &= \boldsymbol{A}_G \boldsymbol{x}_G + \boldsymbol{B}_G(\boldsymbol{u} + \boldsymbol{y}_4) \\ \boldsymbol{y}_G &= \boldsymbol{C}_G \boldsymbol{x}_G + \boldsymbol{D}_G(\boldsymbol{u} + \boldsymbol{y}_4) \end{aligned} \right\} \tag{4.16}$$

$$\boldsymbol{T}_m=\begin{bmatrix}\boldsymbol{A}_m & \boldsymbol{B}_m\\ \boldsymbol{C}_m & \boldsymbol{D}_m\end{bmatrix}\qquad \left.\begin{aligned}\dot{\boldsymbol{x}}_m&=\boldsymbol{A}_m\boldsymbol{x}_m+\boldsymbol{B}_m\boldsymbol{y}_3\\ \boldsymbol{y}_m&=\boldsymbol{C}_m\boldsymbol{x}_m+\boldsymbol{D}_m\boldsymbol{y}_3\end{aligned}\right\} \tag{4.17}$$

$$\boldsymbol{W}_1=\begin{bmatrix}\boldsymbol{A}_1 & \boldsymbol{B}_1\\ \boldsymbol{C}_1 & \boldsymbol{D}_1\end{bmatrix}\qquad \left.\begin{aligned}\dot{\boldsymbol{x}}_1&=\boldsymbol{A}_1\boldsymbol{x}_1+\boldsymbol{B}_1(\boldsymbol{y}_m-\boldsymbol{y}_G)\\ \boldsymbol{z}_1&=\boldsymbol{C}_1\boldsymbol{x}_1+\boldsymbol{D}_1(\boldsymbol{y}_m-\boldsymbol{y}_G)\end{aligned}\right\} \tag{4.18}$$

$$\boldsymbol{W}_2=\begin{bmatrix}\boldsymbol{A}_2 & \boldsymbol{B}_2\\ \boldsymbol{C}_2 & \boldsymbol{D}_2\end{bmatrix}\qquad \left.\begin{aligned}\dot{\boldsymbol{x}}_2&=\boldsymbol{A}_2\boldsymbol{x}_2+\boldsymbol{B}_2\boldsymbol{u}\\ \boldsymbol{z}_2&=\boldsymbol{C}_2\boldsymbol{x}_2+\boldsymbol{D}_2\boldsymbol{u}\end{aligned}\right\} \tag{4.19}$$

$$\boldsymbol{W}_3=\begin{bmatrix}\boldsymbol{A}_3 & \boldsymbol{B}_3\\ \boldsymbol{C}_3 & \boldsymbol{D}_3\end{bmatrix}\qquad \left.\begin{aligned}\dot{\boldsymbol{x}}_3&=\boldsymbol{A}_3\boldsymbol{x}_3+\boldsymbol{B}_3\boldsymbol{y}_G\\ \boldsymbol{z}_3&=\boldsymbol{C}_3\boldsymbol{x}_3+\boldsymbol{D}_3\boldsymbol{y}_G\end{aligned}\right\} \tag{4.20}$$

$$\boldsymbol{W}_4=\begin{bmatrix}\boldsymbol{A}_4 & \boldsymbol{B}_4\\ \boldsymbol{C}_4 & \boldsymbol{D}_4\end{bmatrix}\qquad \left.\begin{aligned}\dot{\boldsymbol{x}}_4&=\boldsymbol{A}_4\boldsymbol{x}_4+\boldsymbol{B}_4\boldsymbol{y}_1\\ \boldsymbol{z}_4&=\boldsymbol{C}_4\boldsymbol{x}_4+\boldsymbol{D}_4\boldsymbol{y}_1\end{aligned}\right\} \tag{4.21}$$

$$\boldsymbol{W}_r=\begin{bmatrix}\boldsymbol{A}_r & \boldsymbol{B}_r\\ \boldsymbol{C}_r & \boldsymbol{D}_r\end{bmatrix}\qquad \left.\begin{aligned}\dot{\boldsymbol{x}}_r&=\boldsymbol{A}_r\boldsymbol{x}_r+\boldsymbol{B}_r\boldsymbol{r}\\ \boldsymbol{y}_3&=\boldsymbol{C}_r\boldsymbol{x}_r+\boldsymbol{D}_r\boldsymbol{r}\end{aligned}\right\} \tag{4.22}$$

$$\boldsymbol{W}_d=\begin{bmatrix}\boldsymbol{A}_d & \boldsymbol{B}_d\\ \boldsymbol{C}_d & \boldsymbol{D}_d\end{bmatrix}\qquad \left.\begin{aligned}\dot{\boldsymbol{x}}_d&=\boldsymbol{A}_d\boldsymbol{x}_d+\boldsymbol{B}_d\boldsymbol{d}\\ \boldsymbol{y}_4&=\boldsymbol{C}_d\boldsymbol{x}_d+\boldsymbol{D}_d\boldsymbol{d}\end{aligned}\right\} \tag{4.23}$$

$$\boldsymbol{W}_n=\begin{bmatrix}\boldsymbol{A}_n & \boldsymbol{B}_n\\ \boldsymbol{C}_n & \boldsymbol{D}_n\end{bmatrix}\qquad \left.\begin{aligned}\dot{\boldsymbol{x}}_n&=\boldsymbol{A}_n\boldsymbol{x}_n+\boldsymbol{B}_n\boldsymbol{n}\\ \boldsymbol{y}_5&=\boldsymbol{C}_n\boldsymbol{x}_n+\boldsymbol{D}_n\boldsymbol{n}\end{aligned}\right\} \tag{4.24}$$

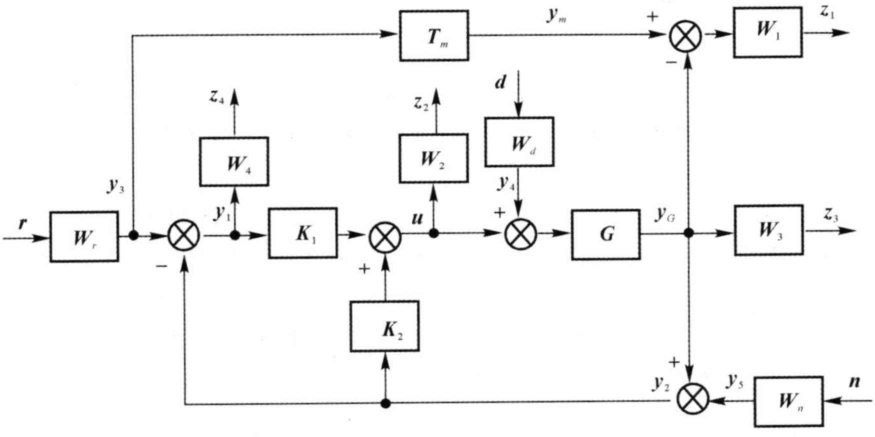

图 4-5　鲁棒动态逆控制系统结构图

另外，根据图 4-5 可以得到

$$\boldsymbol{y}_1=\boldsymbol{y}_3-\boldsymbol{y}_2 \tag{4.25}$$

$$\boldsymbol{y}_2=\boldsymbol{y}_G+\boldsymbol{y}_5 \tag{4.26}$$

选取新的状态量 $\boldsymbol{x}$、输出量 $\boldsymbol{y}$ 和 $\boldsymbol{z}$、干扰输入量 $\boldsymbol{w}$ 分别为

$$\boldsymbol{x}=[\boldsymbol{x}_G\quad \boldsymbol{x}_m\quad \boldsymbol{x}_1\quad \boldsymbol{x}_2\quad \boldsymbol{x}_3\quad \boldsymbol{x}_4\quad \boldsymbol{x}_r\quad \boldsymbol{x}_d\quad \boldsymbol{x}_n]^{\mathrm{T}}$$

$$\boldsymbol{y}=[\boldsymbol{y}_1\quad \boldsymbol{y}_2]^{\mathrm{T}},\quad \boldsymbol{z}=[\boldsymbol{z}_1\quad \boldsymbol{z}_2\quad \boldsymbol{z}_3\quad \boldsymbol{z}_4]^{\mathrm{T}},\quad \boldsymbol{w}=[\boldsymbol{r}\quad \boldsymbol{d}\quad \boldsymbol{n}]^{\mathrm{T}}$$

综上所述，系统可用标准的 H_∞ 控制状态方程描述为

$$\left.\begin{aligned}\dot{\boldsymbol{x}}&=\boldsymbol{A}\boldsymbol{x}+\boldsymbol{B}_1\boldsymbol{w}+\boldsymbol{B}_2\boldsymbol{u}\\ \boldsymbol{z}&=\boldsymbol{C}_1\boldsymbol{x}+\boldsymbol{D}_{11}\boldsymbol{w}+\boldsymbol{D}_{12}\boldsymbol{u}\\ \boldsymbol{y}&=\boldsymbol{C}_2\boldsymbol{x}+\boldsymbol{D}_{21}\boldsymbol{w}+\boldsymbol{D}_{22}\boldsymbol{u}\end{aligned}\right\} \tag{4.27}$$

其中，$\boldsymbol{A},\boldsymbol{B}_1,\boldsymbol{B}_2,\boldsymbol{C}_1,\boldsymbol{C}_2,\boldsymbol{D}_{11},\boldsymbol{D}_{12},\boldsymbol{D}_{21},\boldsymbol{D}_{22}$ 可分别表示为

$$\boldsymbol{A}=\begin{bmatrix} \boldsymbol{A}_G & 0 & 0 & 0 & 0 & 0 & 0 & \boldsymbol{B}_G\boldsymbol{C}_d & 0 \\ 0 & \boldsymbol{A}_m & 0 & 0 & 0 & 0 & \boldsymbol{B}_m\boldsymbol{C}_r & 0 & 0 \\ -\boldsymbol{B}_1\boldsymbol{C}_G & \boldsymbol{B}_1\boldsymbol{C}_m & \boldsymbol{A}_1 & 0 & 0 & 0 & \boldsymbol{B}_1\boldsymbol{D}_m\boldsymbol{C}_r & -\boldsymbol{B}_1\boldsymbol{D}_G\boldsymbol{C}_d & 0 \\ 0 & 0 & 0 & \boldsymbol{A}_2 & 0 & 0 & 0 & 0 & 0 \\ \boldsymbol{B}_3\boldsymbol{C}_G & 0 & 0 & 0 & \boldsymbol{A}_3 & 0 & 0 & \boldsymbol{B}_1\boldsymbol{D}_G\boldsymbol{C}_d & 0 \\ -\boldsymbol{B}_4\boldsymbol{C}_G & 0 & 0 & 0 & 0 & \boldsymbol{A}_4 & \boldsymbol{B}_4\boldsymbol{C}_r & -\boldsymbol{B}_4\boldsymbol{D}_G\boldsymbol{C}_d & -\boldsymbol{B}_4\boldsymbol{C}_n \\ 0 & 0 & 0 & 0 & 0 & 0 & \boldsymbol{A}_r & 0 & 0 \\ 0 & 0 & 0 & 0 & 0 & 0 & 0 & \boldsymbol{A}_d & 0 \\ 0 & 0 & 0 & 0 & 0 & 0 & 0 & 0 & \boldsymbol{A}_n \end{bmatrix}$$

$$\boldsymbol{B}_1=\begin{bmatrix} 0 & \boldsymbol{B}_G\boldsymbol{D}_d & 0 \\ \boldsymbol{B}_m\boldsymbol{D}_r & 0 & 0 \\ \boldsymbol{B}_1\boldsymbol{D}_m\boldsymbol{D}_r & -\boldsymbol{B}_1\boldsymbol{D}_G\boldsymbol{D}_d & \boldsymbol{A}_1 \\ 0 & 0 & 0 \\ 0 & \boldsymbol{B}_3\boldsymbol{D}_G\boldsymbol{D}_d & 0 \\ -\boldsymbol{B}_4\boldsymbol{C}_r & -\boldsymbol{B}_4\boldsymbol{D}_G\boldsymbol{D}_d & -\boldsymbol{B}_4\boldsymbol{D}_n \\ \boldsymbol{B}_r & 0 & 0 \\ 0 & \boldsymbol{B}_d & 0 \\ 0 & 0 & \boldsymbol{B}_n \end{bmatrix},\quad \boldsymbol{B}_2=\begin{bmatrix} \boldsymbol{B}_G \\ 0 \\ -\boldsymbol{B}_1\boldsymbol{D}_G \\ \boldsymbol{B}_2 \\ \boldsymbol{B}_3\boldsymbol{D}_G \\ \boldsymbol{B}_4\boldsymbol{D}_G \\ 0 \\ 0 \\ 0 \end{bmatrix}$$

$$\boldsymbol{C}_1=\begin{bmatrix} -\boldsymbol{D}_1\boldsymbol{C}_G & \boldsymbol{D}_1\boldsymbol{C}_m & \boldsymbol{C}_1 & 0 & 0 & 0 & \boldsymbol{D}_1\boldsymbol{D}_m\boldsymbol{C}_r & -\boldsymbol{D}_1\boldsymbol{D}_G\boldsymbol{C}_d & 0 \\ 0 & 0 & 0 & \boldsymbol{C}_2 & 0 & 0 & 0 & 0 & 0 \\ \boldsymbol{D}_3\boldsymbol{C}_G & 0 & 0 & 0 & \boldsymbol{C}_3 & 0 & 0 & \boldsymbol{D}_3\boldsymbol{D}_G\boldsymbol{C}_d & 0 \\ -\boldsymbol{D}_4\boldsymbol{C}_G & 0 & 0 & 0 & 0 & \boldsymbol{C}_4 & \boldsymbol{D}_4\boldsymbol{C}_r & -\boldsymbol{D}_4\boldsymbol{D}_G\boldsymbol{C}_d & -\boldsymbol{D}_4\boldsymbol{C}_n \end{bmatrix}$$

$$\boldsymbol{C}_2=\begin{bmatrix} -\boldsymbol{C}_G & 0 & 0 & 0 & 0 & 0 & \boldsymbol{C}_r & -\boldsymbol{D}_G\boldsymbol{C}_d & -\boldsymbol{C}_n \\ \boldsymbol{C}_G & 0 & 0 & 0 & 0 & 0 & 0 & \boldsymbol{D}_G\boldsymbol{C}_d & \boldsymbol{C}_n \end{bmatrix}$$

$$\boldsymbol{D}_{11}=\begin{bmatrix} \boldsymbol{D}_1\boldsymbol{D}_m\boldsymbol{D}_r & -\boldsymbol{D}_1\boldsymbol{D}_G\boldsymbol{D}_d & 0 \\ 0 & 0 & 0 \\ 0 & \boldsymbol{D}_3\boldsymbol{D}_G\boldsymbol{D}_d & 0 \\ \boldsymbol{D}_4\boldsymbol{D}_r & -\boldsymbol{D}_4\boldsymbol{D}_G\boldsymbol{D}_d & -\boldsymbol{D}_4\boldsymbol{D}_n \end{bmatrix},\quad \boldsymbol{D}_{12}=\begin{bmatrix} -\boldsymbol{D}_1\boldsymbol{D}_G \\ \boldsymbol{D}_2 \\ \boldsymbol{D}_3\boldsymbol{D}_G \\ -\boldsymbol{D}_4\boldsymbol{D}_G \end{bmatrix}$$

$$\boldsymbol{D}_{21}=\begin{bmatrix} \boldsymbol{D}_r & -\boldsymbol{D}_G\boldsymbol{D}_d & -\boldsymbol{D}_n \\ 0 & \boldsymbol{D}_G\boldsymbol{D}_d & \boldsymbol{D}_n \end{bmatrix},\quad \boldsymbol{D}_{22}=\begin{bmatrix} -\boldsymbol{D}_G \\ \boldsymbol{D}_G \end{bmatrix}$$

从图 4－5 所示的鲁棒动态逆控制系统结构图可以看出，H_∞ 回路整形控制器的鲁棒性能与各个加权函数的取值有很大关系。为了设计出性能更好的 H_∞ 回路整形控制器，下面对 H_∞ 回路整形控制中加权函数取值算法进行优化。

为有针对性地分析各个加权函数对 H_∞ 回路整形控制器的影响，可以把图 4－5 所示的鲁棒动态逆控制系统的结构简化为一个如图 4－6 所示的标准反馈控制的形式。

要保证图 4－6 所示的反馈控制系统是内部稳定，则从向量 $\begin{bmatrix} \boldsymbol{r} \\ \boldsymbol{d} \\ \boldsymbol{n} \end{bmatrix}$ 到向量 $\begin{bmatrix} \boldsymbol{u} \\ \boldsymbol{y} \end{bmatrix}$ 的闭环传递函

数必须满足

$$\Phi(\boldsymbol{G},\boldsymbol{K})=\begin{bmatrix}\boldsymbol{G}\\ \boldsymbol{I}\end{bmatrix}(\boldsymbol{I}+\boldsymbol{K}_2\boldsymbol{G})^{-1}[\boldsymbol{K}\quad \boldsymbol{I}]\in \boldsymbol{RH}_\infty \tag{4.28}$$

考虑各个加权函数对 H_∞ 回路整形控制器的作用，可以分为前补偿加权函数 $\boldsymbol{W}_1^*$ 和后补偿加权函数 $\boldsymbol{W}_2^*$。把前、后补偿加权函数 $\boldsymbol{W}_1^*$ 和 $\boldsymbol{W}_2^*$ 加入图 4-6 所示的反馈控制系统后，形成的 H_∞ 回路整形控制系统结构如图 4-7 所示。

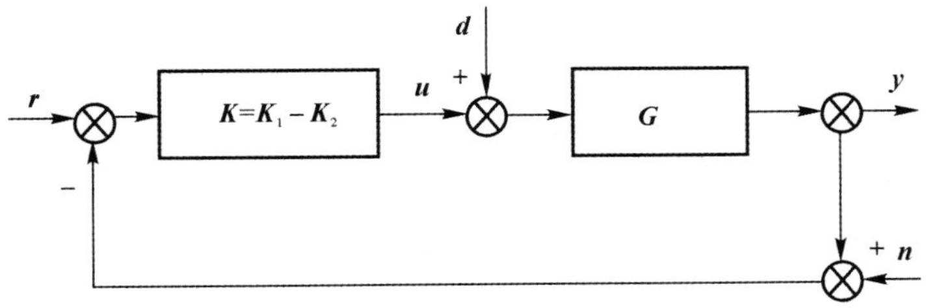

图 4-6　标准反馈控制系统结构图

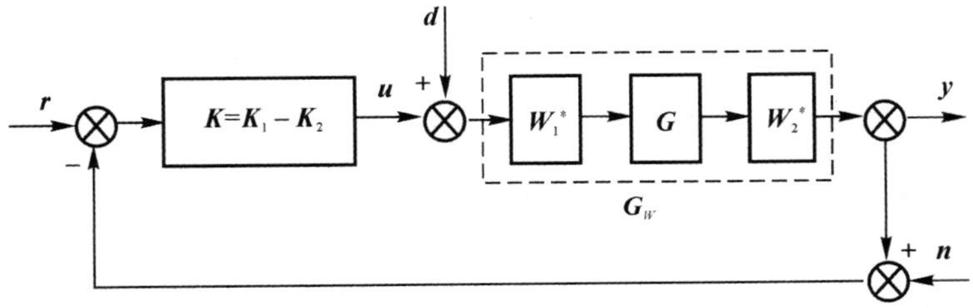

图 4-7　H_∞ 回路整形控制系统结构图

同理，要保证图 4-6 所示的反馈控制系统是内部稳定，则从向量 $\begin{bmatrix}\boldsymbol{r}\\ \boldsymbol{d}\\ \boldsymbol{n}\end{bmatrix}$ 到向量 $\begin{bmatrix}\boldsymbol{u}\\ \boldsymbol{y}\end{bmatrix}$ 的闭环传递函数必须满足

$$\Phi(\boldsymbol{G}_W,\boldsymbol{K})=\begin{bmatrix}\boldsymbol{G}_W\\ \boldsymbol{I}\end{bmatrix}(\boldsymbol{I}+\boldsymbol{K}_2\boldsymbol{G}_W)^{-1}[\boldsymbol{K}\quad \boldsymbol{I}]\in \boldsymbol{RH}_\infty \tag{4.29}$$

给定系统传递函数 $\boldsymbol{G}_W$ 和控制器 $\boldsymbol{K}$，$[\boldsymbol{G}_W,\boldsymbol{K}]$ 的鲁棒稳定性极限 $b(\boldsymbol{G}_W,\boldsymbol{K})$ 为

$$\gamma(\boldsymbol{G},\boldsymbol{K})=\left\|\begin{bmatrix}\boldsymbol{G}_W\\ \boldsymbol{I}\end{bmatrix}(\boldsymbol{I}+\boldsymbol{K}_2\boldsymbol{G}_W)^{-1}[\boldsymbol{K}\quad \boldsymbol{I}]\right\|_\infty^{-1} \tag{4.30}$$

如果 $\gamma(\boldsymbol{G}_W,\boldsymbol{K})$ 的取值趋向于 0，则 $[\boldsymbol{G}_W,\boldsymbol{K}]$ 是内部稳定的；否则，$[\boldsymbol{G}_W,\boldsymbol{K}]$ 不稳定。鲁棒稳定性极限的最大值定义为

$$\gamma_{\mathrm{opt}}(\boldsymbol{G}_W)=\sup_K \gamma(\boldsymbol{G}_W,\boldsymbol{K}) \tag{4.31}$$

对于任意 $\boldsymbol{G}_W$，$\gamma_{\mathrm{opt}}(\boldsymbol{G}_W)\leqslant 1$。

设计 H_∞ 回路整形控制的目标是在保证 $[\boldsymbol{G}_W,\boldsymbol{K}]$ 内部稳定的同时，使鲁棒稳定性极限 $\gamma_{\mathrm{opt}}(\boldsymbol{G}_W)$ 的取值尽可能地大。只有选取合适的加权函数，才能设计出鲁棒性能优越的 H_∞ 回路整形控制器。

加权函数选取的优化问题可以描述为

$$\max_{W_1^*, W_2^* \in RH_\infty} \gamma_{\text{opt}}(G_W) \tag{4.32}$$

式(4.32)中加权函数的取值需满足

$$\left.\begin{aligned} |\underline{w}_1(j\omega)| < \sigma_i(W_1^*(j\omega)) < |\overline{w}_1(j\omega)| \quad \forall i,\omega \\ |\underline{w}_2(j\omega)| < \sigma_i(W_2^*(j\omega)) < |\overline{w}_2(j\omega)| \quad \forall i,\omega \end{aligned}\right\} \tag{4.33}$$

$$\left.\begin{aligned} |W_1^*(j\omega)| < |K_1(j\omega)| \quad \forall \omega \\ |W_2^*(j\omega)| < |K_2(j\omega)| \quad \forall \omega \end{aligned}\right\} \tag{4.34}$$

其中式(4.33)和式(4.34)中，频域函数 $\underline{w}_i(j\omega)$ 和 $\overline{w}_i(j\omega)$ 限定了回路整型加权函数 $W_i(j\omega)$ $(i=1,2)$ 奇异值的选取区域。

根据式(4.29)，H_∞ 回路整形控制器的优化问题可描述为

$$\min_{\substack{W_1^* \in (\underline{w}_1, \overline{w}_1, k_1) \\ W_2^* \in (\underline{w}_2, \overline{w}_2, k_2)}} \left\| \begin{bmatrix} G_W \\ I \end{bmatrix} (I + K_2 G_W)^{-1} [K \quad I] \right\|_\infty \tag{4.35}$$

其中，G_W 奇异值的取值范围为 $\underline{s}(j\omega) < \sigma_i(G_W(j\omega)) < \bar{s}(j\omega)$。

根据图 4-7，令 $G_W = W_1^* G W_2^*$，并令 $K_\infty = W_1^* K W_2^*$。当 $W_1^* \in (\underline{w}_1, \overline{w}_1, k_1)$ 和 $W_2^* \in (\underline{w}_2, \overline{w}_2, k_2)$ 时，存在 $W_1^* \in (\underline{w}_1, \overline{w}_1, k_1)$ 和 $W_2^* \in (\underline{w}_2, \overline{w}_2, k_2)$。式(4.35)可以变换为

$$\min_{\substack{W_1^* \in (\underline{w}_1, \overline{w}_1, k_1),\, W_1^* \in (\underline{w}_1, \overline{w}_1, k_1) \\ W_2^* \in (\underline{w}_2, \overline{w}_2, k_2),\, W_2^* \in (\underline{w}_2, \overline{w}_2, k_2)}} \left\| \begin{bmatrix} W_2^* & 0 \\ 0 & W_1^* \end{bmatrix} \begin{bmatrix} 0 & G \\ 0 & I \end{bmatrix} \begin{bmatrix} I & G \\ K_\infty & I \end{bmatrix}_\infty^{-1} \begin{bmatrix} W_2^* & 0 \\ 0 & W_1^* \end{bmatrix} \right\|_\infty \tag{4.36}$$

其中，G 奇异值的取值范围为 $\underline{s}(j\omega) < \sigma_i(W_1^*(j\omega) G(j\omega) W_2^*(j\omega)) < \bar{s}(j\omega)$。

根据上面对 H_∞ 回路整形控制器设计的分析，可以采用下面的步骤设计一个最优的 H_∞ 回路整形控制器。

(1) 根据各个加权函数在 $[G_W, K]$ 系统中的作用，分别选取适当的值。比如在图 4-5 所示的控制系统中，输入信号加权函数 W_r 反映系统期望设定值的变化，通常选为常值或低通滤波器；干扰信号加权函数 W_d 通常选低通滤波器抑制低频干扰；噪声信号加权函数 W_n 通常选为常值或加一个高通滤波器以抑制高频噪声；W_r，W_d 和 W_n 都属于前补偿加权函数 W_1^*。W_1 与由干扰、噪声、设定值变化以及对象不确定性引起的输出误差代价有关，为得到较好的跟踪性能、响应时间及超调量，通常选为常值或低通滤波器；W_2 选为低通滤波器；W_3 反映了控制作用幅值，其选取和特定的执行机构及执行机构的期望输入范围有关，可选为高通滤波器；W_4 与对象乘性不确定性有关，通常选为常数。W_1，W_2，W_3 和 W_4 都属于前补偿加权函数 W_2^*。

(2) 计算 $G_W = W_1^* G W_2^*$，令 $G_W = N_W M_W^{-1}$。考虑系统不确定性：

$$\Delta G = (N_W + \Delta_N)(M_W + \Delta_M)^{-1} \tag{4.37}$$

当系统 $[G_W, K]$ 稳定时，Δ_N 和 Δ_M 满足 $\|\Delta_N, \Delta_M\|_\infty \leqslant \varepsilon$。其中 ε 是系统的稳定边界值。令 $K_\infty = W_1^* K W_2^*$，检验加权函数 W_1^* 和 W_2^* 的取值满足下面不等式：

$$\bar{\sigma}[(1 - K_\infty G)^{-1}] \leqslant \min\{\varepsilon^{-1}\bar{\sigma}(M_W)\kappa(W_1^*), 1 + \varepsilon^{-1}\bar{\sigma}(N_W)\kappa(W_1^*)\} \tag{4.38}$$

$$\bar{\sigma}\left[(1-K_{\infty}G)^{-1}\right] \leqslant \min\{\varepsilon^{-1}\bar{\sigma}(N_W)\kappa(W_2^*), 1+\varepsilon^{-1}\bar{\sigma}(M_W)\kappa(W_2^*)\} \tag{4.39}$$

(3) 计算最优稳定边界值 ε_{opt}。求得表征系统模型 G_W 的空间状态矩阵为

$$G_W = \begin{bmatrix} A_W & B_W \\ C_W & D_W \end{bmatrix} \tag{4.40}$$

最优稳定边界 ε_{opt} 满足

$$\gamma_{opt} = \varepsilon_{opt}^{-1} = \left[1+\lambda_m(XY)\right]^{1/2} \tag{4.41}$$

式(4.41)中，λ_m 是系统状态空间矩阵 A_W 的最大特征值；X 和 Y 分别为如下 Riccati 方程组的解：

$$\left.\begin{aligned} &(A-BS^{-1}D^{T}C)Y+Y(A-BS^{-1}D^{T}C)^{T}-YC^{T}R^{-1}CY+BS^{-1}B^{T}=0 \\ &(A-BS^{-1}D^{T}C)X+X(A-BS^{-1}D^{T}C)^{T}-XBS^{-1}B^{T}X+C^{T}R^{-1}C=0 \end{aligned}\right\} \tag{4.42}$$

其中

$$S=1+D^{T}D, \quad R=1+DD^{T}$$

若 $\varepsilon_{opt} \ll 1$，则表明加权函数 W_1^* 和 W_2^* 的取值能够保证系统$[G_W, K]$满足鲁棒性能且是稳定的。

(4) 选择 $\varepsilon \leqslant \varepsilon_{opt}$，设计 H_{∞} 回路整形控制器，使得 K 满足

$$\left\| \begin{bmatrix} G_W \\ I \end{bmatrix} (I+K_2G_W)^{-1} \begin{bmatrix} K & I \end{bmatrix} \right\|_{\infty} \leqslant \varepsilon^{-1} \tag{4.43}$$

若所求得的稳定边界值不满足 $\varepsilon \leqslant \varepsilon_{opt}$，则需要重新选取各个加权函数的取值，并按照上述步骤重新设计控制器。

上述优化算法，为 H_{∞} 回路整形控制器中各个加权函数的选取提供了一定的理论依据。根据稳定性指标和鲁棒性能指标的约束，减少了各个加权函数选取时的盲目性。

4.2　超机动飞机鲁棒动态逆控制律设计

前面介绍了含不确定性的非线性动态逆控制的基本原理，下面以第 2 章中给出的超机动飞机为被控对象，采用鲁棒非线性动态逆方法设计其飞行控制律。

利用奇异摄动理论，可将超机动飞机的 12 个状态变量划分成快慢变化不同的 4 个子系统，即，快状态子系统 $x_3=[p \quad q \quad r]^T$，慢状态子系统 $x_2=[\alpha \quad \beta \quad \mu]^T$，极慢状态子系统 $x_1=[V \quad \gamma \quad \chi]^T$，以及最慢状态子系统 $x_0=[x \quad y \quad h]^T$。各个子系统之间的关系如图3-3所示。

在设计鲁棒非线性动态逆控制律时，主要针对快状态变量和慢状态变量分别进行设计。

4.2.1　超机动飞机快状态回路鲁棒动态逆控制律设计

根据式(3.18)，完美的快状态回路的仿射非线性方程可以表示为

$$\dot{x}_3 = f_f(x_3) + g_f(x_3)u \tag{4.44}$$

式(4.44) 中，$f_f(x_3)$ 的表达形式同式(3.19)，即

$$f_f(x_3) = f_3(x_3) + G_mG_Ax_3 \tag{4.45}$$

$g_f(\boldsymbol{x}_3)$ 的表达形式同式(3.20),即

$$g_f(\boldsymbol{x}_3)=\boldsymbol{G}_m\boldsymbol{G}_B \tag{4.46}$$

根据式(3.22),快状态子系统期望的控制向量 $\boldsymbol{u}_{fc}$ 可以表示为

$$\boldsymbol{u}_{fc}=g_f^{-1}(\boldsymbol{x}_3)\left[\dot{\boldsymbol{y}}_{3\text{des}}-f_f(\boldsymbol{x}_3)\right]=(\boldsymbol{G}_m\boldsymbol{G}_B)^{-1}\left[\dot{\boldsymbol{y}}_{3\text{des}}-f_3(\boldsymbol{x}_3)-\boldsymbol{G}_m\boldsymbol{G}_A\boldsymbol{x}_3\right] \tag{4.47}$$

考虑式(2.10) ~ 式(2.12) 中各个气动导数的不确定性,含不确定性的快状态回路的仿射非线性方程可表示为

$$\dot{\boldsymbol{x}}_3=f_f(\boldsymbol{x}_3)+\delta f_f(\boldsymbol{x}_3)+\left[g_f(\boldsymbol{x}_3)+\delta g_f(\boldsymbol{x}_3)\right]\boldsymbol{u} \tag{4.48}$$

式(4.47) 和式(4.48) 中,$f_f(\boldsymbol{x}_3)$ 和 $g_f(\boldsymbol{x}_3)$ 的表达形式分别与式(3.19) 和式(3.20) 相同,$\delta f_f(\boldsymbol{x}_3)$ 的表达式为

$$\delta f_f(\boldsymbol{x}_3)=\boldsymbol{G}_m\hat{\boldsymbol{G}}_A\boldsymbol{x}_3 \tag{4.49}$$

式(4.49) 中,$\hat{\boldsymbol{G}}_A$ 是一个 3 × 3 阶的矩阵,可以表示为

$$\hat{\boldsymbol{G}}_A=\begin{bmatrix}\Delta C_{lp}\dfrac{\bar{q}Sb^2}{2V} & 0 & \Delta C_{lr}\dfrac{\bar{q}Sb^2}{2V}\\ 0 & \Delta C_{mq}\dfrac{\bar{q}S\bar{c}^2}{2V} & 0\\ \Delta C_{np}\dfrac{\bar{q}Sb^2}{2V} & 0 & \Delta C_{nr}\dfrac{\bar{q}Sb^2}{2V}\end{bmatrix}$$

$\delta g_f(\boldsymbol{x}_3)$ 的表达式为

$$\delta g_f(\boldsymbol{x}_3)=\boldsymbol{G}_m\hat{G}_B \tag{4.50}$$

式(4.50) 中,$\hat{\boldsymbol{G}}_B$ 是一个 3 × 5 阶的矩阵,可以表示为

$$\hat{\boldsymbol{G}}_B=\begin{bmatrix}\Delta C_{l\delta_a}\bar{q}Sb & 0 & \Delta C_{l\delta_r}\bar{q}Sb & 0 & 0\\ 0 & \Delta C_{m\delta_c}\bar{q}S\bar{c} & 0 & 0 & 0\\ \Delta C_{n\delta_a}\bar{q}Sb & 0 & \Delta C_{n\delta_r}\bar{q}Sb & 0 & 0\end{bmatrix}$$

对式(4.48) 中的不确定性 $\delta f(x)$ 和 $\delta g(x)$ 进行归一化处理,可以得到

$$\dot{\boldsymbol{x}}_3=f_3(\boldsymbol{x}_3)+\boldsymbol{G}_m\boldsymbol{G}_A(\boldsymbol{I}+\boldsymbol{\Delta}_f)\boldsymbol{x}_3+\boldsymbol{G}_m\boldsymbol{G}_B(\boldsymbol{I}+\boldsymbol{\Delta}_g)\boldsymbol{u} \tag{4.51}$$

式(4.51) 中,$\boldsymbol{\Delta}_f=\boldsymbol{G}_A^{-1}\hat{\boldsymbol{G}}_A$,$\boldsymbol{\Delta}_g=\boldsymbol{G}_B^{\dagger}\hat{\boldsymbol{G}}_B$。

将式(4.47) 代入式(4.48) 中,可以得到快状态回路解耦后的模型:

$$\begin{aligned}\dot{\boldsymbol{x}}_3&=f_3(\boldsymbol{x}_3)+\boldsymbol{G}_m\boldsymbol{G}_A(\boldsymbol{I}+\boldsymbol{\Delta}_f)\boldsymbol{x}_3+\boldsymbol{G}_m\boldsymbol{G}_B(\boldsymbol{I}+\boldsymbol{\Delta}_g)\boldsymbol{u}_c=\\&(\boldsymbol{I}+\boldsymbol{\Delta}_g)\dot{\boldsymbol{y}}_{\text{des}}+(\boldsymbol{\Delta}_f-\boldsymbol{\Delta}_g)\boldsymbol{G}_m\boldsymbol{G}_A\boldsymbol{x}_3\end{aligned} \tag{4.52}$$

由于超机动飞机飞行时各个控制舵面的偏转量都应限定在预先给定的范围内,因此,在考虑超机动飞机气动导数的不确定性时,忽略了控制舵面的不确定性,即式(4.50) 中矩阵 $\hat{\boldsymbol{G}}_B$ 的各个元素取值为 0。从而可知式(4.52) 中的 $\boldsymbol{\Delta}_g$ 是一个零矩阵。则式(4.52) 可以简化为

$$\dot{\boldsymbol{x}}_3=\dot{\boldsymbol{y}}_{\text{des}}+\boldsymbol{\Delta}_f\boldsymbol{G}_m\boldsymbol{G}_A\boldsymbol{x}_3=\dot{\boldsymbol{y}}_{\text{des}}+\boldsymbol{G}_m\hat{\boldsymbol{G}}_A\boldsymbol{x}_3 \tag{4.53}$$

式(4.53) 也可以写为

$$\begin{bmatrix}\dot{p}\\ \dot{q}\\ \dot{r}\end{bmatrix}=\boldsymbol{G}_m\hat{\boldsymbol{G}}_A\begin{bmatrix}p\\ q\\ r\end{bmatrix}+\begin{bmatrix}\dot{p}_{\text{des}}\\ \dot{q}_{\text{des}}\\ \dot{r}_d\end{bmatrix}=\begin{bmatrix}\hat{L}_p & 0 & \hat{L}_r\\ 0 & \hat{M}_q & 0\\ \hat{N}_p & 0 & \hat{N}_r\end{bmatrix}\begin{bmatrix}p\\ q\\ r\end{bmatrix}+\begin{bmatrix}\dot{p}_{\text{des}}\\ \dot{q}_{\text{des}}\\ \dot{r}_d\end{bmatrix} \tag{4.54}$$

其中

$$\hat{L}_p=\frac{\bar{q}Sb^2(\Delta C_{lp}I_{zz}+\Delta C_{np}I_{xz})}{2V(I_{xx}I_{zz}-I_{xz}^2)},\quad \hat{L}_r=\frac{\bar{q}Sb^2(\Delta C_{lr}I_{zz}+\Delta C_{nr}I_{xz})}{2V(I_{xx}I_{zz}-I_{xz}^2)}$$

$$\hat{M}_q=\frac{\bar{q}S\bar{c}^2\Delta C_{mq}}{2VI_{yy}},\quad \hat{N}_p=\frac{\bar{q}Sb^2(\Delta C_{lp}I_{xz}+\Delta C_{np}I_{xx})}{2V(I_{xx}I_{zz}-I_{xz}^2)},\quad \hat{N}_r=\frac{\bar{q}Sb^2(\Delta C_{lr}I_{xz}+\Delta C_{nr}I_{xx})}{2V(I_{xx}I_{zz}-I_{xz}^2)}$$

快状态回路鲁棒动态逆控制结构如图 4-8 所示。快状态回路控制律的设计目标是通过设计适当的 H_∞ 鲁棒控制律，配合快状态回路非线性动态逆控制律，在满足加权控制输出 $\boldsymbol{z}_2$（$\boldsymbol{W}_2$ 为其对应的加权矩阵）不超过偏转限制的前提下，使得实际输出与理想输出之间的加权误差 $\boldsymbol{z}_1$（$\boldsymbol{W}_1$ 为其对应的加权矩阵）最小。

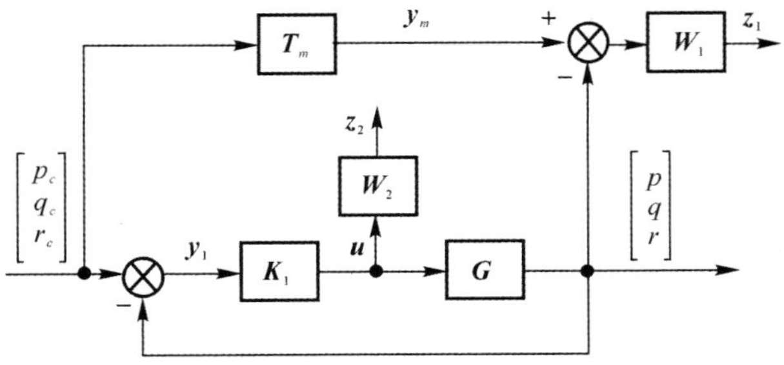

图 4-8　快状态回路鲁棒动态逆控制结构图

分别选取 $\boldsymbol{x}_G=\begin{bmatrix}p\\q\\r\end{bmatrix}$，$\boldsymbol{y}_G=\begin{bmatrix}p\\q\\r\end{bmatrix}$，$\boldsymbol{u}=\begin{bmatrix}\dot{p}_{\text{des}}\\\dot{q}_{\text{des}}\\\dot{r}_d\end{bmatrix}$，$\boldsymbol{r}=\begin{bmatrix}p_c\\q_c\\r_c\end{bmatrix}$，状态空间方程为

$$\left.\begin{aligned}\dot{\boldsymbol{x}}_G&=\boldsymbol{A}_G\boldsymbol{x}_G+\boldsymbol{B}_G\boldsymbol{u}\\\boldsymbol{y}_G&=\boldsymbol{C}_G\boldsymbol{x}_G+\boldsymbol{D}_G\boldsymbol{u}\end{aligned}\right\}\tag{4.55}$$

其中

$$\boldsymbol{A}_G=\begin{bmatrix}\hat{L}_p&0&\hat{L}_r\\0&\hat{M}_q&0\\\hat{N}_p&0&\hat{N}_r\end{bmatrix},\quad \boldsymbol{B}_G=\begin{bmatrix}1&0&0\\0&1&0\\0&0&1\end{bmatrix},\quad \boldsymbol{C}_G=\begin{bmatrix}1&0&0\\0&1&0\\0&0&1\end{bmatrix},\quad \boldsymbol{D}_G=\boldsymbol{0}_{3\times3}$$

假设 3.2.1 节给出的快状态回路带宽取值为 $\omega_p=\omega_q=\omega_r=25$ rad/s，可求得 $\boldsymbol{T}_m$ 模型：

$$\boldsymbol{T}_m=\begin{bmatrix}\frac{25}{s+25}&0&0\\0&\frac{25}{s+25}&0\\0&0&\frac{25}{s+25}\end{bmatrix}\tag{4.56}$$

根据式(4.17)，可以求出 $\boldsymbol{T}_m$ 的状态空间方程为

$$\begin{bmatrix}\dot{\boldsymbol{x}}_m\\\boldsymbol{y}_m\end{bmatrix}=\begin{bmatrix}\boldsymbol{A}_m&\boldsymbol{B}_m\\\boldsymbol{C}_m&\boldsymbol{D}_m\end{bmatrix}\begin{bmatrix}\boldsymbol{x}_m\\\boldsymbol{r}\end{bmatrix}\tag{4.57}$$

其中

$$\boldsymbol{A}_m=\begin{bmatrix}-25 & 0 & 0\\ 0 & -25 & 0\\ 0 & 0 & -25\end{bmatrix},\quad \boldsymbol{B}_m=\begin{bmatrix}1 & 0 & 0\\ 0 & 1 & 0\\ 0 & 0 & 1\end{bmatrix},\quad \boldsymbol{C}_m=\begin{bmatrix}25 & 0 & 0\\ 0 & 25 & 0\\ 0 & 0 & 25\end{bmatrix},\quad \boldsymbol{D}_m=\boldsymbol{0}_{3\times 3}$$

图 4-5 中加权函数的取值分别为

$$\boldsymbol{W}_1=\begin{bmatrix}\dfrac{0.015s+0.15}{s+100} & 0 & 0\\ 0 & \dfrac{0.015s+0.15}{s+20} & 0\\ 0 & 0 & \dfrac{0.015s+0.15}{s+100}\end{bmatrix} \tag{4.58}$$

$$\boldsymbol{W}_2=57.3\boldsymbol{I}_{3\times 3} \tag{4.59}$$

根据式(4.18),可以求出 $\boldsymbol{W}_1$ 的状态空间方程为

$$\begin{bmatrix}\dot{\boldsymbol{x}}_1\\ \boldsymbol{z}_1\end{bmatrix}=\begin{bmatrix}\boldsymbol{A}_1 & \boldsymbol{B}_1\\ \boldsymbol{C}_1 & \boldsymbol{D}_1\end{bmatrix}\begin{bmatrix}\boldsymbol{x}_1\\ \boldsymbol{y}_m-\boldsymbol{y}_G\end{bmatrix} \tag{4.60}$$

其中

$$\boldsymbol{A}_1=\begin{bmatrix}-100 & 0 & 0\\ 0 & -20 & 0\\ 0 & 0 & -100\end{bmatrix},\quad \boldsymbol{B}_1=\begin{bmatrix}1 & 0 & 0\\ 0 & 1 & 0\\ 0 & 0 & 1\end{bmatrix}$$

$$\boldsymbol{C}_1=\begin{bmatrix}-1.35 & 0 & 0\\ 0 & -0.15 & 0\\ 0 & 0 & -1.35\end{bmatrix},\quad \boldsymbol{D}_1=\begin{bmatrix}0.015 & 0 & 0\\ 0 & 0.015 & 0\\ 0 & 0 & 0.015\end{bmatrix}$$

根据式(4.19),可以求出 $\boldsymbol{W}_2$ 的状态空间方程为

$$\begin{bmatrix}\dot{\boldsymbol{x}}_2\\ \boldsymbol{z}_2\end{bmatrix}=\begin{bmatrix}\boldsymbol{A}_2 & \boldsymbol{B}_2\\ \boldsymbol{C}_2 & \boldsymbol{D}_2\end{bmatrix}\begin{bmatrix}\boldsymbol{x}_2\\ \boldsymbol{u}\end{bmatrix} \tag{4.61}$$

其中

$$\boldsymbol{A}_2=\boldsymbol{0}_{3\times 3},\quad \boldsymbol{B}_2=\boldsymbol{0}_{3\times 3},\quad \boldsymbol{C}_2=\boldsymbol{0}_{3\times 3},\quad \boldsymbol{D}_2=\begin{bmatrix}57.3 & 0 & 0\\ 0 & 57.3 & 0\\ 0 & 0 & 57.3\end{bmatrix}$$

根据图 4-8 可得

$$\boldsymbol{y}_1=\boldsymbol{r}-\boldsymbol{y} \tag{4.62}$$

选取新的状态量 $\boldsymbol{x}$、输出量 $\boldsymbol{y}$ 和 $\boldsymbol{z}$、输入量 $\boldsymbol{u}$ 和 $\boldsymbol{w}$ 分别为

$$\boldsymbol{x}=\begin{bmatrix}x_G\\ x_m\\ x_1\\ x_2\end{bmatrix},\quad \boldsymbol{y}=\boldsymbol{y}_1,\quad \boldsymbol{z}=\begin{bmatrix}z_1\\ z_2\end{bmatrix},\quad \boldsymbol{w}=\begin{bmatrix}p_c\\ q_c\\ r_c\end{bmatrix},\quad \boldsymbol{u}=\begin{bmatrix}\dot{p}_{\rm des}\\ \dot{q}_{\rm des}\\ \dot{r}_d\end{bmatrix}$$

系统可用标准的 H_∞ 控制状态方程描述:

$$\left.\begin{aligned}\dot{\boldsymbol{x}}&=\boldsymbol{A}\boldsymbol{x}+\boldsymbol{B}_1\boldsymbol{w}+\boldsymbol{B}_2\boldsymbol{u}\\ \boldsymbol{z}&=\boldsymbol{C}_1\boldsymbol{x}+\boldsymbol{D}_{11}\boldsymbol{w}+\boldsymbol{D}_{12}\boldsymbol{u}\\ \boldsymbol{y}&=\boldsymbol{C}_2\boldsymbol{x}+\boldsymbol{D}_{21}\boldsymbol{w}+\boldsymbol{D}_{22}\boldsymbol{u}\end{aligned}\right\} \tag{4.63}$$

结合 $\boldsymbol{G},\boldsymbol{T}_m,\boldsymbol{W}_1,\boldsymbol{W}_2$ 状态空间方程中各个状态空间矩阵的取值和式(4.27)，可以求得 $\boldsymbol{A}$，$\boldsymbol{B}_1,\boldsymbol{B}_2,\boldsymbol{C}_1,\boldsymbol{C}_2,\boldsymbol{D}_{11},\boldsymbol{D}_{12},\boldsymbol{D}_{21},\boldsymbol{D}_{22}$ 的取值分别为

$$\boldsymbol{A}=\begin{bmatrix}\boldsymbol{A}_G & 0 & 0 & 0\\ 0 & \boldsymbol{A}_m & 0 & 0\\ -\boldsymbol{B}_1\boldsymbol{C}_G & \boldsymbol{B}_1\boldsymbol{C}_m & \boldsymbol{A}_1 & 0\\ 0 & 0 & 0 & \boldsymbol{A}_2\end{bmatrix}=$$

$$\begin{bmatrix}\hat{L}_p & 0 & \hat{L}_r & 0 & 0 & 0 & 0 & 0 & 0 & 0 & 0 & 0\\ 0 & \hat{M}_q & 0 & 0 & 0 & 0 & 0 & 0 & 0 & 0 & 0 & 0\\ \hat{N}_p & 0 & \hat{N}_r & 0 & 0 & 0 & 0 & 0 & 0 & 0 & 0 & 0\\ 0 & 0 & 0 & -25 & 0 & 0 & 0 & 0 & 0 & 0 & 0 & 0\\ 0 & 0 & 0 & 0 & -25 & 0 & 0 & 0 & 0 & 0 & 0 & 0\\ 0 & 0 & 0 & 0 & 0 & -25 & 0 & 0 & 0 & 0 & 0 & 0\\ -1 & 0 & 0 & 25 & 0 & 0 & -100 & 0 & 0 & 0 & 0 & 0\\ 0 & -1 & 0 & 0 & 25 & 0 & 0 & -20 & 0 & 0 & 0 & 0\\ 0 & 0 & -1 & 0 & 0 & 25 & 0 & 0 & -100 & 0 & 0 & 0\\ 0 & 0 & 0 & 0 & 0 & 0 & 0 & 0 & 0 & 0 & 0 & 0\\ 0 & 0 & 0 & 0 & 0 & 0 & 0 & 0 & 0 & 0 & 0 & 0\\ 0 & 0 & 0 & 0 & 0 & 0 & 0 & 0 & 0 & 0 & 0 & 0\end{bmatrix}$$

$$\boldsymbol{B}_1=\begin{bmatrix}0\\ \boldsymbol{B}_m\\ \boldsymbol{B}_1\boldsymbol{D}_m\\ 0\end{bmatrix}=\begin{bmatrix}0&0&0\\0&0&0\\0&0&0\\1&0&0\\0&1&0\\0&0&1\\1&0&0\\0&1&0\\0&0&1\\0&0&0\\0&0&0\\0&0&0\end{bmatrix},\quad \boldsymbol{B}_2=\begin{bmatrix}\boldsymbol{B}_G\\ 0\\ -\boldsymbol{B}_1\boldsymbol{D}_G\\ \boldsymbol{B}_2\end{bmatrix}=\begin{bmatrix}1&0&0\\0&1&0\\0&0&1\\0&0&0\\0&0&0\\0&0&0\\0&0&0\\0&0&0\\0&0&0\\0&0&0\\0&0&0\\0&0&0\end{bmatrix}$$

$$\boldsymbol{C}_1=\begin{bmatrix}-\boldsymbol{D}_1\boldsymbol{C}_G & \boldsymbol{D}_1\boldsymbol{C}_m & \boldsymbol{C}_1 & 0\\ 0 & 0 & 0 & \boldsymbol{C}_2\end{bmatrix}=$$

$$\begin{bmatrix}-0.015 & 0 & 0 & 0.375 & 0 & 0 & -1.35 & 0 & 0 & 0 & 0 & 0\\ 0 & -0.015 & 0 & 0 & 0.375 & 0 & 0 & -0.15 & 0 & 0 & 0 & 0\\ 0 & 0 & -0.015 & 0 & 0 & 0.375 & 0 & 0 & -1.35 & 0 & 0 & 0\\ 0 & 0 & 0 & 0 & 0 & 0 & 0 & 0 & 0 & 0 & 0 & 0\\ 0 & 0 & 0 & 0 & 0 & 0 & 0 & 0 & 0 & 0 & 0 & 0\\ 0 & 0 & 0 & 0 & 0 & 0 & 0 & 0 & 0 & 0 & 0 & 0\end{bmatrix}$$

$$\boldsymbol{C}_2=[-\boldsymbol{C}_G \quad 0 \quad 0 \quad 0]=\begin{bmatrix}-1 & 0 & 0 & 0 & 0 & 0 & 0 & 0 & 0 & 0 & 0 & 0\\ 0 & -1 & 0 & 0 & 0 & 0 & 0 & 0 & 0 & 0 & 0 & 0\\ 0 & 0 & -1 & 0 & 0 & 0 & 0 & 0 & 0 & 0 & 0 & 0\end{bmatrix}$$

$$\boldsymbol{D}_{11}=\begin{bmatrix}\boldsymbol{D}_1\boldsymbol{D}_m\\ 0\end{bmatrix}=\begin{bmatrix}0 & 0 & 0\\ 0 & 0 & 0\\ 0 & 0 & 0\\ 0 & 0 & 0\\ 0 & 0 & 0\\ 0 & 0 & 0\end{bmatrix}$$

$$\boldsymbol{D}_{12}=\begin{bmatrix}-\boldsymbol{D}_1\boldsymbol{D}_G\\ \boldsymbol{D}_2\end{bmatrix}=\begin{bmatrix}0 & 0 & 0\\ 0 & 0 & 0\\ 0 & 0 & 0\\ 57.3 & 0 & 0\\ 0 & 57.3 & 0\\ 0 & 0 & 57.3\end{bmatrix}$$

$$\boldsymbol{D}_{21}=\boldsymbol{I}_{3\times3}, \quad \boldsymbol{D}_{22}=-\boldsymbol{D}_G=\boldsymbol{0}_{3\times3}$$

给定状态变量 $V,h,\alpha,\beta,\mu,p,q,r$ 的初始值,根据 4.1.2 小节给出的鲁棒动态逆控制器设计方法可以求得。

4.2.2 超机动飞机慢状态回路鲁棒动态逆控制律设计

根据式(3.31),完美的慢状态回路仿射非线性方程可以表示为

$$\dot{\boldsymbol{x}}_2=f_s(\boldsymbol{x}_2)+g_s(\boldsymbol{x}_2)\boldsymbol{x}_3 \tag{4.64}$$

式(4.64)可重新表示为

$$\dot{\boldsymbol{x}}_2=f_2(\boldsymbol{x}_2)+\boldsymbol{G}_A\boldsymbol{x}_2+\boldsymbol{G}_B\boldsymbol{u}+g_s(\boldsymbol{x}_2)\boldsymbol{x}_3 \tag{4.65}$$

其中

$$f_2(\boldsymbol{x}_2)=\begin{bmatrix}\dfrac{Mg\cos\gamma\cos\mu-T_x\sin\alpha}{MV\cos\beta}\\ \dfrac{Mg\cos\gamma\sin\mu-T_x\sin\beta\cos\alpha}{MV}\\ \dfrac{T_x\sin\alpha(\tan\gamma\sin\mu+\tan\beta)-Mg\cos\gamma\cos\mu\tan\beta+T_x\cos\alpha\tan\gamma\cos\mu\sin\beta}{MV}\end{bmatrix} \tag{4.66}$$

$\boldsymbol{G}_A$ 是一个 3×3 阶的矩阵,可以表示为

$$\boldsymbol{G}_A=\begin{bmatrix}C_{L\alpha}\dfrac{-\bar{q}S}{MV\cos\beta} & 0 & 0\\ 0 & C_{Y\beta}\dfrac{\bar{q}S\cos\beta}{MV} & 0\\ C_{L\alpha}\dfrac{\bar{q}S(\tan\gamma\sin\mu+\tan\beta)}{MV} & C_{Y\beta}\dfrac{\bar{q}S\tan\gamma\cos\mu\cos\beta}{MV} & 0\end{bmatrix}$$

$\boldsymbol{G}_B$ 是一个 3×5 阶的矩阵，可以表示为

$$\boldsymbol{G}_B=\begin{bmatrix}0 & \boldsymbol{G}_B(1,2) & 0 & 0 & 0\\ \boldsymbol{G}_B(2,1) & 0 & \boldsymbol{G}_B(2,3) & 0 & 0\\ \boldsymbol{G}_B(3,1) & \boldsymbol{G}_B(3,2) & \boldsymbol{G}_B(3,3) & 0 & 0\end{bmatrix}$$

其中

$$\boldsymbol{G}_B(1,2)=C_{L\delta_c}\frac{-\bar{q}S}{MV\cos\beta},\quad \boldsymbol{G}_B(2,1)=C_{Y\delta_a}\frac{\bar{q}S\cos\beta}{MV}$$

$$\boldsymbol{G}_B(2,3)=C_{Y\delta_r}\frac{\bar{q}S\cos\beta}{MV},\quad \boldsymbol{G}_B(3,1)=C_{Y\delta_a}\frac{\bar{q}S\tan\gamma\cos\mu\cos\beta}{MV}$$

$$\boldsymbol{G}_B(3,2)=C_{L\delta_c}\frac{\bar{q}S(\tan\gamma\sin\mu+\tan\beta)}{MV}$$

$$\boldsymbol{G}_B(3,3)=C_{Y\delta_r}\frac{\bar{q}S\tan\gamma\cos\mu\cos\beta}{MV}$$

$g_s(\boldsymbol{x}_2)$ 是一个 3×3 阶的矩阵，可以表示为

$$g_s(\boldsymbol{x}_2)=\begin{bmatrix}-\tan\beta\cos\alpha & 1 & -\tan\beta\sin\alpha\\ \sin\alpha & 0 & -\cos\alpha\\ \sec\beta\cos\alpha & 0 & \sec\beta\sin\alpha\end{bmatrix} \tag{4.67}$$

根据式(3.38)，慢状态子系统期望的控制向量 $\boldsymbol{u}_{sc}$ 可以表示为

$$\boldsymbol{u}_s=g_s^{-1}(\boldsymbol{x}_2)\left[\dot{y}_{2\mathrm{des}}-f_2(\boldsymbol{x}_2)-\boldsymbol{G}_A\boldsymbol{x}_2-\boldsymbol{G}_B\boldsymbol{u}\right] \tag{4.68}$$

考虑到式(2.7)～式(2.9)中各个气动导数的不确定性，含不确定性的慢状态回路的仿射非线性方程可以表示为

$$\dot{\boldsymbol{x}}_2=f_s(\boldsymbol{x}_2)+\delta f_s(\boldsymbol{x}_2)+\left[g_s(\boldsymbol{x}_2)+\delta g_s(\boldsymbol{x}_2)\right]\boldsymbol{x}_3 \tag{4.69}$$

式(4.69)中，$f_s(\boldsymbol{x}_2)$ 和 $g_s(\boldsymbol{x}_2)$ 的表达形式分别与式(3.32)和式(3.36)相同，$\delta f_s(\boldsymbol{x}_2)$ 的表达式为

$$\delta f_s(\boldsymbol{x}_2)=\hat{\boldsymbol{G}}_A\boldsymbol{x}_2+\hat{\boldsymbol{G}}_B\boldsymbol{u} \tag{4.70}$$

式(4.70)中，$\hat{\boldsymbol{G}}_A$ 是一个 3×3 阶的矩阵，可以表示为

$$\hat{\boldsymbol{G}}_A=\begin{bmatrix}\Delta C_{L\alpha}\dfrac{-\bar{q}S}{MV\cos\beta} & 0 & 0\\ 0 & \Delta C_{Y\beta}\dfrac{\bar{q}S\cos\beta}{MV} & 0\\ \Delta C_{L\alpha}\dfrac{\bar{q}S(\tan\gamma\sin\mu+\tan\beta)}{MV} & \Delta C_{Y\beta}\dfrac{\bar{q}S\tan\gamma\cos\mu\cos\beta}{MV} & 0\end{bmatrix}$$

由于超机动飞机飞行时，各个控制舵面的偏转量都应限定在预先给定的范围之内，因此，在考虑超机动飞机气动导数不确定性时，忽略了控制舵面的不确定性，即矩阵 $\hat{\boldsymbol{G}}_B$ 中各个元素取值均为 0。

$\delta g_f(\boldsymbol{x}_3)$ 的表达式为

$$\delta g_s(\boldsymbol{x}_2)=\boldsymbol{O} \tag{4.71}$$

式(4.71)中，$\boldsymbol{O}$ 是一个 3×3 阶的零矩阵。

对式(4.69)中的不确定性 $\delta f_s(\boldsymbol{x}_2)$ 和 $\delta g_s(\boldsymbol{x}_2)$ 进行归一化处理，可以得到

$$\dot{\boldsymbol{x}}_2 = f_2(\boldsymbol{x}_2) + \boldsymbol{G}_A(\boldsymbol{I} + \boldsymbol{\Delta}_f)\boldsymbol{x}_2 + g_s(\boldsymbol{x}_2)\boldsymbol{x}_3 \tag{4.72}$$

式(4.72) 中，$\boldsymbol{\Delta}_f = \boldsymbol{G}_A^{-1}\hat{\boldsymbol{G}}_A$。

将式(4.68) 代入式(4.72) 中，可以得到慢状态回路解耦后的模型：

$$\dot{\boldsymbol{x}}_2 = f_2(\boldsymbol{x}_2) + \boldsymbol{G}_A(\boldsymbol{I} + \boldsymbol{\Delta}_f)\boldsymbol{x}_2 + \boldsymbol{G}_B\boldsymbol{u}_c + g_s(\boldsymbol{x}_2)\boldsymbol{u}_c = \dot{\boldsymbol{y}}_{\text{des2}} + \boldsymbol{\Delta}_f\boldsymbol{G}_A\boldsymbol{x}_2 \tag{4.73}$$

式(4.73) 也可以表示为

$$\dot{\boldsymbol{x}}_2 = \dot{\boldsymbol{y}}_{\text{des2}} + \hat{\boldsymbol{G}}_A\boldsymbol{x}_2 \tag{4.74}$$

根据 3.2 节可知，完美的慢状态回路非线性动态逆控制律的设计目标为

$$\begin{bmatrix} \dot{\alpha} \\ \dot{\beta} \\ \dot{\mu} \end{bmatrix} = \begin{bmatrix} \dot{\alpha}_{\text{des}} \\ \dot{\beta}_{\text{des}} \\ \dot{\mu}_{\text{des}} \end{bmatrix} \tag{4.75}$$

类似于 4.2.1 小节中，含不确定参数的快状态回路鲁棒动态逆控制律的求解过程，考虑与状态变量相关的气动力矩参数的不确定性，可得

$$\begin{bmatrix} \dot{\alpha} \\ \dot{\beta} \\ \dot{\mu} \end{bmatrix} = \Delta\boldsymbol{A}\begin{bmatrix} \alpha \\ \beta \\ \mu \end{bmatrix} + \begin{bmatrix} \dot{\alpha}_{\text{des}} \\ \dot{\beta}_{\text{des}} \\ \dot{\mu}_{\text{des}} \end{bmatrix} \tag{4.76}$$

其中，$\Delta\boldsymbol{A}$ 是不确定参数矩阵，$\Delta\boldsymbol{A} = \hat{\boldsymbol{G}}_A$。

慢状态回路鲁棒动态逆控制结构如图 4－9 所示。

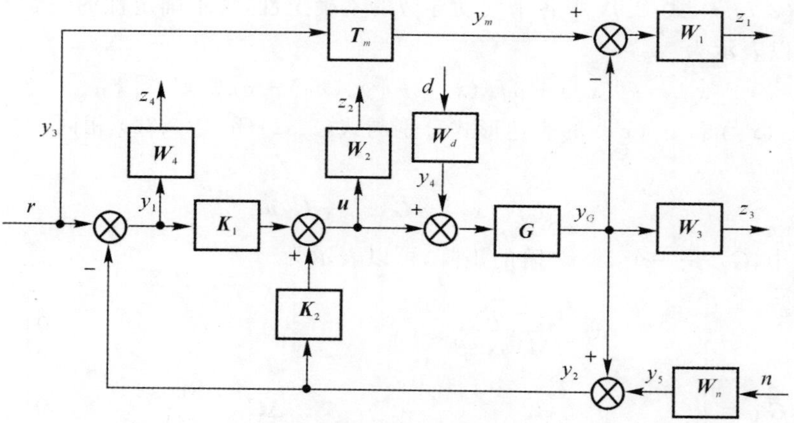

图 4－9　慢状态回路鲁棒动态逆控制结构图

慢状态回路控制律的设计目标是通过设计适当的 H_∞ 鲁棒整形控制律，配合非线性动态逆控制律，在满足加权控制输出 z_2($\boldsymbol{W}_2$ 为其对应的加权矩阵) 不超过偏转限制的前提下，使得实际输出与理想输出之间的加权误差 z_1($\boldsymbol{W}_1$ 为其对应的加权矩阵) 最小。考虑到外部干扰和传感器噪声会对控制器产生影响，系统模型加入了阵风干扰 d 和传感器噪声 n。同时，控制律设计时引入状态输出 y_G 的评价指标 z_3($\boldsymbol{W}_3$ 为其对应的加权矩阵)，以及控制命令 r 和状态输出 y_G 之间误差 z_4($\boldsymbol{W}_4$ 为其对应的加权矩阵) 最小的评价指标。

假设慢状态回路带宽取值为 $\omega_\alpha = \omega_\beta = \omega_\mu = 5$ rad/s。可求得 $\boldsymbol{T}_m$ 模型：

$$\boldsymbol{T}_m=\begin{bmatrix}\frac{5}{s+5} & 0 & 0\\ 0 & \frac{5}{s+5} & 0\\ 0 & 0 & \frac{5}{s+5}\end{bmatrix} \tag{4.77}$$

图 4-9 中加权函数的取值分别为

$$W_1=\frac{0.015s+0.15}{s+100} \tag{4.78}$$

$$W_2=57.3 \tag{4.79}$$

$$W_3=\frac{50}{s+10} \tag{4.80}$$

$$W_4=1 \tag{4.81}$$

$$W_d=0.02 \tag{4.82}$$

$$W_n=0.001 \tag{4.83}$$

根据式(4.18) ~ 式(4.24)，可以求出 $T_m, W_1, W_2, W_3, W_4, W_d, W_n$ 的状态空间方程。选取新的状态量 $\boldsymbol{x}$、输出量 $\boldsymbol{y}$ 和 $\boldsymbol{z}$、干扰输入量 $\boldsymbol{w}$ 分别为

$$\boldsymbol{x}=[x_G \quad x_m \quad x_1 \quad x_2 \quad x_3 \quad x_4 \quad x_d \quad x_n]^{\mathrm{T}}$$

$$\boldsymbol{y}=[y_1 \quad y_2]^{\mathrm{T}}$$

$$\boldsymbol{z}=[z_1 \quad z_2 \quad z_3 \quad z_4]^{\mathrm{T}}$$

$$\boldsymbol{w}=[r \quad d \quad n]$$

系统可用标准的 H_∞ 控制状态方程描述：

$$\left.\begin{aligned}\dot{\boldsymbol{x}}&=\boldsymbol{A}\boldsymbol{x}+\boldsymbol{B}_1\boldsymbol{w}+\boldsymbol{B}_2\boldsymbol{u}\\ \boldsymbol{z}&=\boldsymbol{C}_1\boldsymbol{x}+\boldsymbol{D}_{11}\boldsymbol{w}+\boldsymbol{D}_{12}\boldsymbol{u}\\ \boldsymbol{y}&=\boldsymbol{C}_2\boldsymbol{x}+\boldsymbol{D}_{21}\boldsymbol{w}+\boldsymbol{D}_{22}\boldsymbol{u}\end{aligned}\right\} \tag{4.84}$$

结合 $\boldsymbol{G}, \boldsymbol{T}_m, \boldsymbol{W}_1, \boldsymbol{W}_2, \boldsymbol{W}_3, \boldsymbol{W}_4, \boldsymbol{W}_d, \boldsymbol{W}_n$ 状态空间方程中各个状态空间矩阵的取值和式(4.84)，可以求得 $\boldsymbol{A}, \boldsymbol{B}_1, \boldsymbol{B}_2, \boldsymbol{C}_1, \boldsymbol{C}_2, \boldsymbol{D}_{11}, \boldsymbol{D}_{12}, \boldsymbol{D}_{21}, \boldsymbol{D}_{22}$ 的取值分别为

$$\boldsymbol{A}=\begin{bmatrix}\boldsymbol{A}_G & \boldsymbol{0} & \boldsymbol{0} & \boldsymbol{0} & \boldsymbol{0} & \boldsymbol{0} & \boldsymbol{B}_G\boldsymbol{C}_d & \boldsymbol{0}\\ \boldsymbol{0} & \boldsymbol{A}_m & \boldsymbol{0} & \boldsymbol{0} & \boldsymbol{0} & \boldsymbol{0} & \boldsymbol{0} & \boldsymbol{0}\\ -\boldsymbol{B}_1\boldsymbol{C}_G & \boldsymbol{B}_1\boldsymbol{C}_m & \boldsymbol{A}_1 & \boldsymbol{0} & \boldsymbol{0} & \boldsymbol{0} & -\boldsymbol{B}_1\boldsymbol{D}_G\boldsymbol{C}_d & \boldsymbol{0}\\ \boldsymbol{0} & \boldsymbol{0} & \boldsymbol{0} & \boldsymbol{A}_2 & \boldsymbol{0} & \boldsymbol{0} & \boldsymbol{0} & \boldsymbol{0}\\ \boldsymbol{B}_3\boldsymbol{C}_G & \boldsymbol{0} & \boldsymbol{0} & \boldsymbol{0} & \boldsymbol{A}_3 & \boldsymbol{0} & \boldsymbol{B}_1\boldsymbol{D}_G\boldsymbol{C}_d & \boldsymbol{0}\\ -\boldsymbol{B}_4 C_G & \boldsymbol{0} & \boldsymbol{0} & \boldsymbol{0} & \boldsymbol{0} & \boldsymbol{A}_4 & -\boldsymbol{B}_4\boldsymbol{D}_G\boldsymbol{C}_d & -\boldsymbol{B}_4\boldsymbol{C}_n\\ \boldsymbol{0} & \boldsymbol{0} & \boldsymbol{0} & \boldsymbol{0} & \boldsymbol{0} & \boldsymbol{0} & \boldsymbol{A}_d & \boldsymbol{0}\\ \boldsymbol{0} & \boldsymbol{0} & \boldsymbol{0} & \boldsymbol{0} & \boldsymbol{0} & \boldsymbol{0} & \boldsymbol{0} & \boldsymbol{A}_n\end{bmatrix}$$

$$\boldsymbol{B}_1=\begin{bmatrix}\boldsymbol{0} & \boldsymbol{B}_G\boldsymbol{D}_d & \boldsymbol{0}\\ \boldsymbol{B}_m & \boldsymbol{0} & \boldsymbol{0}\\ \boldsymbol{B}_1\boldsymbol{D}_m & -\boldsymbol{B}_1\boldsymbol{D}_G\boldsymbol{D}_d & \boldsymbol{A}_1\\ \boldsymbol{0} & \boldsymbol{0} & \boldsymbol{0}\\ \boldsymbol{0} & \boldsymbol{B}_3\boldsymbol{D}_G\boldsymbol{D}_d & \boldsymbol{0}\\ -\boldsymbol{B}_4 & -\boldsymbol{B}_4\boldsymbol{D}_G\boldsymbol{D}_d & -\boldsymbol{B}_4\boldsymbol{D}_n\\ \boldsymbol{0} & \boldsymbol{B}_d & \boldsymbol{0}\\ \boldsymbol{0} & \boldsymbol{0} & \boldsymbol{B}_n\end{bmatrix},\quad \boldsymbol{B}_2=\begin{bmatrix}\boldsymbol{B}_G\\ \boldsymbol{0}\\ -\boldsymbol{B}_1\boldsymbol{D}_G\\ \boldsymbol{B}_2\\ \boldsymbol{B}_3\boldsymbol{D}_G\\ \boldsymbol{B}_4\boldsymbol{D}_G\\ \boldsymbol{0}\\ \boldsymbol{0}\end{bmatrix}$$

$$\boldsymbol{C}_1=\begin{bmatrix}-\boldsymbol{D}_1\boldsymbol{C}_G & \boldsymbol{D}_1\boldsymbol{C}_m & \boldsymbol{C}_1 & \boldsymbol{0} & \boldsymbol{0} & \boldsymbol{0} & -\boldsymbol{D}_1\boldsymbol{D}_G\boldsymbol{C}_d & \boldsymbol{0}\\ \boldsymbol{0} & \boldsymbol{0} & \boldsymbol{0} & \boldsymbol{C}_2 & \boldsymbol{0} & \boldsymbol{0} & \boldsymbol{0} & \boldsymbol{0}\\ \boldsymbol{D}_3\boldsymbol{C}_G & \boldsymbol{0} & \boldsymbol{0} & \boldsymbol{0} & \boldsymbol{C}_3 & \boldsymbol{0} & \boldsymbol{D}_3\boldsymbol{D}_G\boldsymbol{C}_d & \boldsymbol{0}\\ -\boldsymbol{D}_4\boldsymbol{C}_G & \boldsymbol{0} & \boldsymbol{0} & \boldsymbol{0} & \boldsymbol{0} & \boldsymbol{C}_4 & -\boldsymbol{D}_4\boldsymbol{D}_G\boldsymbol{C}_d & -\boldsymbol{D}_4\boldsymbol{C}_n\end{bmatrix}$$

$$\boldsymbol{C}_2=\begin{bmatrix}-\boldsymbol{C}_G & \boldsymbol{0} & \boldsymbol{0} & \boldsymbol{0} & \boldsymbol{0} & \boldsymbol{0} & -\boldsymbol{D}_G\boldsymbol{C}_d & -\boldsymbol{C}_n\\ \boldsymbol{C}_G & \boldsymbol{0} & \boldsymbol{0} & \boldsymbol{0} & \boldsymbol{0} & \boldsymbol{0} & \boldsymbol{D}_G\boldsymbol{C}_d & \boldsymbol{C}_n\end{bmatrix}$$

$$\boldsymbol{D}_{11}=\begin{bmatrix}\boldsymbol{D}_1\boldsymbol{D}_m & -\boldsymbol{D}_1\boldsymbol{D}_G\boldsymbol{D}_d & \boldsymbol{0}\\ \boldsymbol{0} & \boldsymbol{0} & \boldsymbol{0}\\ \boldsymbol{0} & \boldsymbol{D}_3\boldsymbol{D}_G\boldsymbol{D}_d & \boldsymbol{0}\\ \boldsymbol{D}_4 & -\boldsymbol{D}_4\boldsymbol{D}_G\boldsymbol{D}_d & -\boldsymbol{D}_4\boldsymbol{D}_n\end{bmatrix},\quad \boldsymbol{D}_{12}=\begin{bmatrix}-\boldsymbol{D}_1\boldsymbol{D}_G\\ \boldsymbol{D}_2\\ \boldsymbol{D}_3\boldsymbol{D}_G\\ -\boldsymbol{D}_4\boldsymbol{D}_G\end{bmatrix}$$

$$\boldsymbol{D}_{21}=\begin{bmatrix}\boldsymbol{I} & -\boldsymbol{D}_G\boldsymbol{D}_d & -\boldsymbol{D}_n\\ \boldsymbol{0} & \boldsymbol{D}_G\boldsymbol{D}_d & \boldsymbol{D}_n\end{bmatrix},\quad \boldsymbol{D}_{22}=\begin{bmatrix}-\boldsymbol{D}_G\\ \boldsymbol{D}_G\end{bmatrix}$$

给定系统状态变量的初始值,可以求得 H_∞ 回路成型控制的控制律。

4.3 鲁棒动态逆控制律仿真验证与分析

4.2 节分别完成了超机动飞机快状态回路鲁棒动态逆控制律和慢状态回路鲁棒动态逆控制律的设计。根据第 2 章给出的飞机方程和前面所设计的鲁棒动态逆控制律,在 Simulink 下构建了超机动飞机鲁棒动态逆控制仿真模型。本节通过存在不确定参数时对输入指令 p_c,q_c,r_c 指令跟踪来验证快状态回路鲁棒动态逆控制律的控制效果,并通过完成 Herbst 机动仿真验证慢状态回路鲁棒动态逆控制律的控制效果。

4.3.1 超机动快状态回路鲁棒动态逆控制律仿真验证

初始条件为 $h=1$ km,$V=100$ m/s,$\alpha=10°$,$\beta=0°$,$\mu=0°$。

令 $p_c=25$ rad/s,$q_c=25$ rad/s,$r_c=25$ rad/s。考虑系统参数不确定性,分别采用快状态回路鲁棒动态逆控制律和不加鲁棒整形控制的非线性动态逆控制律跟踪输入指令 p_c,q_c,r_c,仿真结果如图 4-10 和图 4-11 所示。

图 4-10 和图 4-11 中,点画线表示的是非线性动态逆控制律的跟踪效果,实线表示的是快

状态回路鲁棒动态逆控制律的跟踪效果。如图 4-10 所示，快状态回路鲁棒动态逆控制律与不加鲁棒整形控制的非线性动态逆控制律相比，明显对指令 p_c 具有更好的跟踪效果；而对 q_c，r_c 的跟踪效果改善不大。从图 4-11 可以看出，采用快状态回路鲁棒动态逆控制律与不加鲁棒整形控制的非线性动态逆控制律相比，舵面偏转的角度稍大一些。

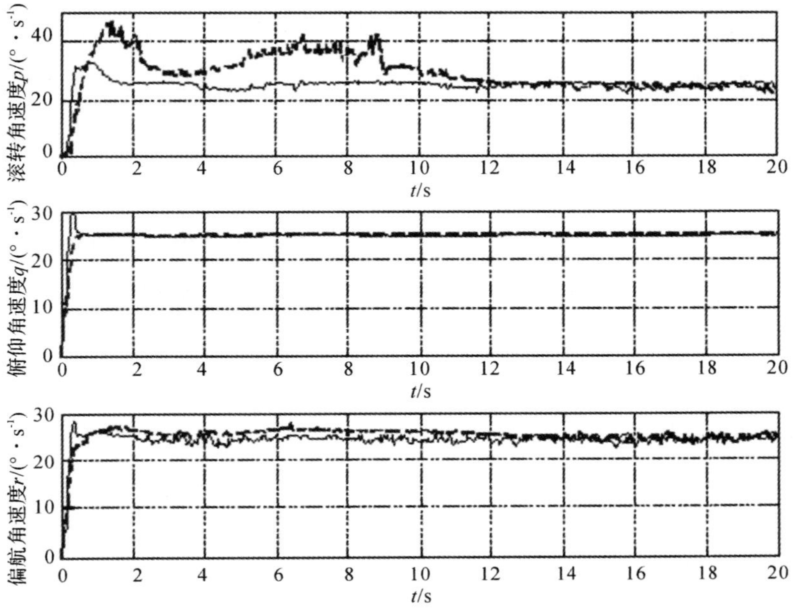

图 4-10　快状态回路加鲁棒整形控制前后，p，q，r 跟踪效果对比图

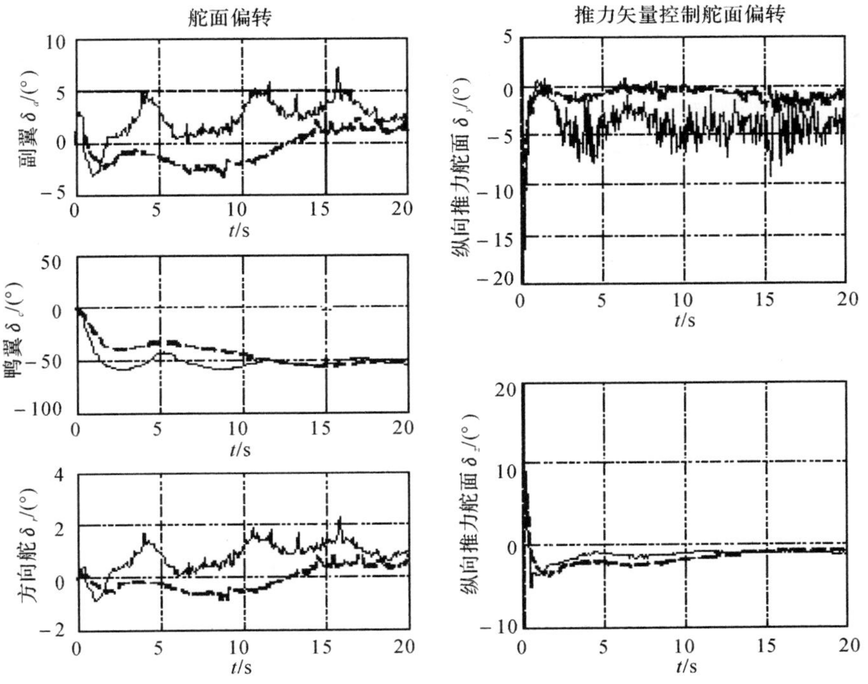

图 4-11　快状态回路加鲁棒整形控制前后，各个舵面偏转角度对比图

4.3.2 超机动慢状态回路鲁棒动态逆控制律仿真验证

初始条件为 $h=1$ km，$V=100$ m/s，$\gamma=0°$，$\chi=0°$。

令 β_c 始终保持为 0。考虑系统参数不确定，分别采用慢状态回路鲁棒动态逆控制律和不加鲁棒整形控制的非线性动态逆控制律完成 Herbst 机动，仿真结果如图 4－12～图 4－14 所示。图中点画线表示的是非线性动态逆控制律的 Herbst 效果，实线表示的是慢状态回路鲁棒动态逆控制律的 Herbst 效果。如图 4－12 所示，采用上述两种控制器，系统状态变量的变化不是很大。如图 4－12～图 4－14 所示，可以看出在慢状态回路中加入鲁棒整形控制后，飞机整体的机动效果较好，飞机转弯半径较小。总体来说，慢状态回路鲁棒动态逆控制律与不加鲁棒整形控制的非线性动态逆控制律相比，具有更好的控制效果。

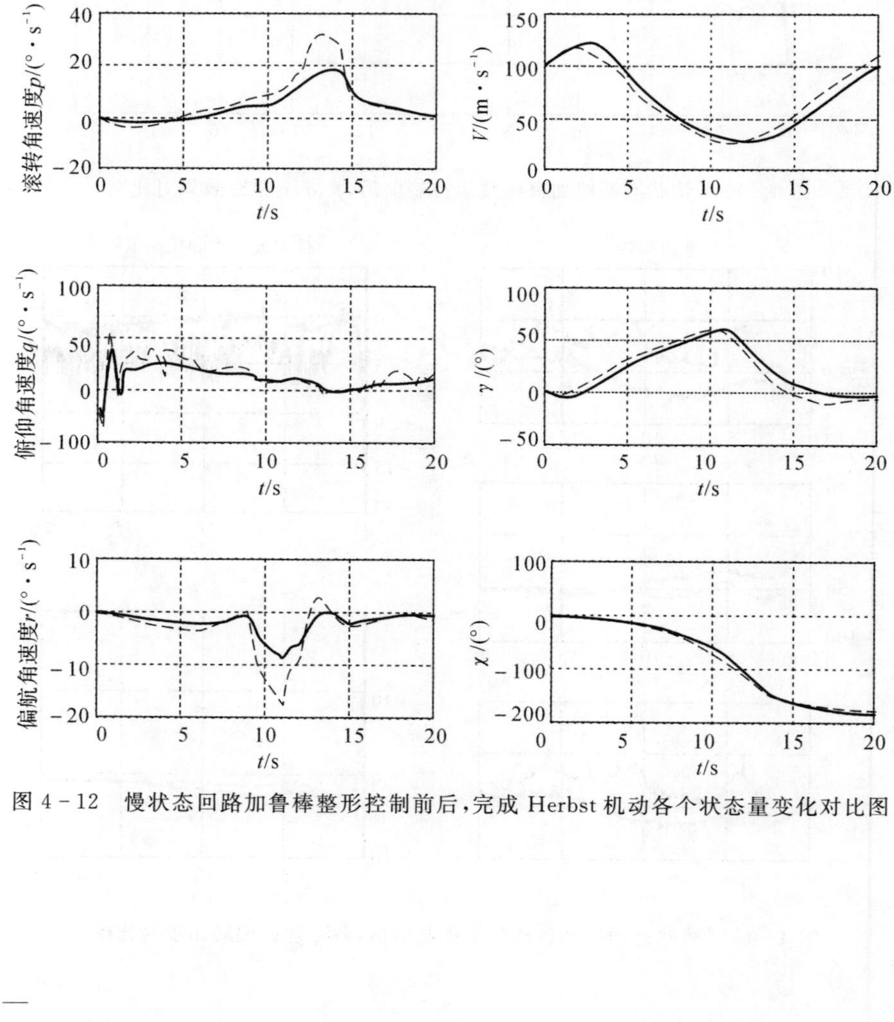

图 4－12 慢状态回路加鲁棒整形控制前后，完成 Herbst 机动各个状态量变化对比图

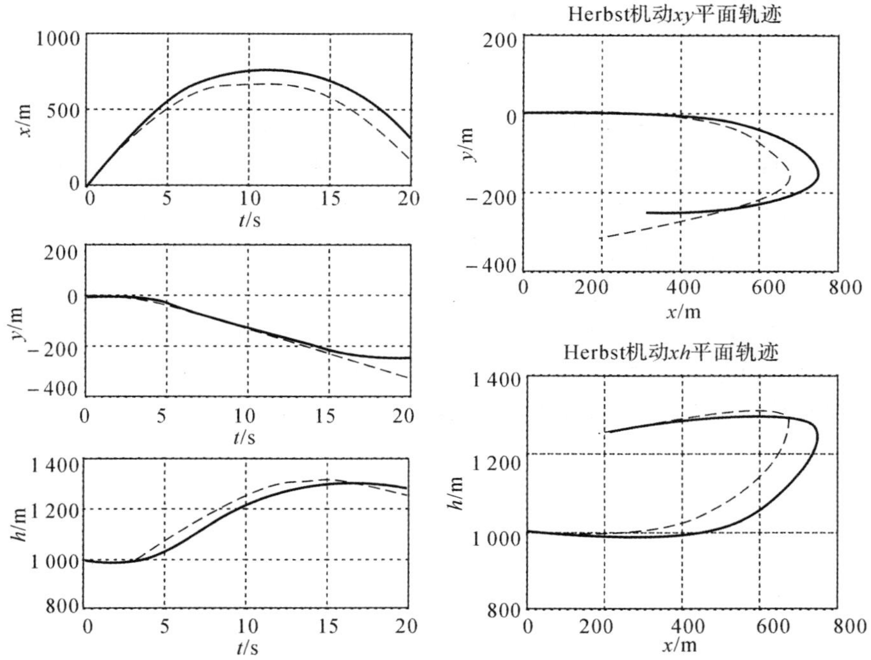

图 4-13　慢状态回路加鲁棒整形控制前后，完成 Herbst 机动运动轨迹对比图

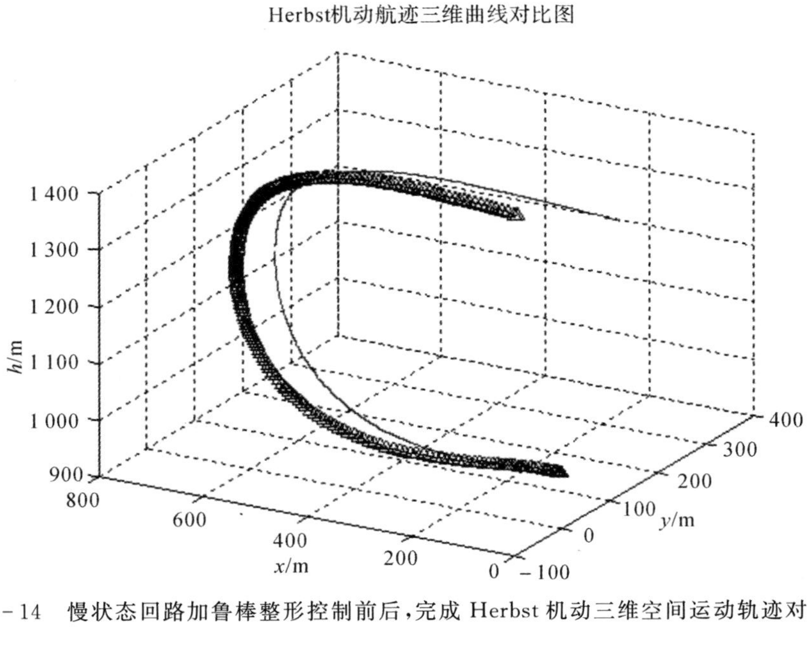

图 4-14　慢状态回路加鲁棒整形控制前后，完成 Herbst 机动三维空间运动轨迹对比图

4.4 小　　结

本章介绍了 H_∞ 控制和模型参数不确定性的基本理论，描述了标准的 H_∞ 控制问题，并分别给出了基于 LMI 的状态反馈 H_∞ 控制设计方法和输出反馈 H_∞ 控制设计方法。在此基础上，针对非线性动态逆控制难以保证控制系统鲁棒性的缺点，将 H_∞ 控制与非线性动态逆相结合，利用 H_∞ 回路成型控制器来降低系统内部参数摄动和外界干扰形成的复合不确定性对系统控制效果的影响。此外，本章还采用实值范数有界摄动来描述系统的不确定性，建立了系统参数的不确定性模型，以便对参数摄动情况下的鲁棒控制问题进行研究。通过对超机动飞机应用所设计的鲁棒动态逆控制律的控制效果进行仿真，说明所设计的鲁棒动态逆控制器不仅可保证闭环控制系统的稳定性，而且能够使系统满足一定的性能指标。

第5章　概率鲁棒非线性控制方法

飞机的实际模型与其数学模型之间必然存在一定差异，这些差异通常表现为参数不确定性和高阶未建模动态。鲁棒控制理论能够将不确定参数纳入飞机数学模型中进行控制器设计，使得设计出的控制系统具备一定的鲁棒稳定性和鲁棒性能，并根据实际需要，在两者之间进行权衡。目前，确定性鲁棒控制方法是飞行控制系统鲁棒控制器设计的主流研究方法。该方法不考虑不确定参数的具体信息，只针对参数摄动的最坏情况进行研究，计算出对应于最坏情况的性能边界，设计出的控制器能够在该性能边界内保证控制系统内部稳定，并满足一定的控制性能，但无法对系统超出性能边界时的可控性做出确定的判断。

在不改变原控制器结构的基础上，为了提高确定性鲁棒飞行控制器的鲁棒性能，准确评估系统的可控性，本章拟从飞机模型中所含不确定参数的概率分布入手，探索一种结构简单、容易求解的适用于鲁棒飞行控制器设计的新方法，称之为概率鲁棒控制方法。区别于确定性鲁棒控制方法，应用概率鲁棒控制方法设计的控制器，不需要在不确定参数的全集上保证控制系统的鲁棒稳定性，而是根据不确定参数的先验分布来缩小其摄动范围以求得一个子集，在该子集内保证控制系统的鲁棒稳定性。该方法能够通过适当降低系统的鲁棒稳定性来增加系统的鲁棒性能。

5.1　概率鲁棒非线性控制

非线性动态逆过程引入不确定性，可能由原来的纯积分环节转换为不稳定系统。构建的含不确定性的非线性动态逆模型仍然是线性的，只是干扰项是非线性的。假设可以将干扰项看作模型中包含的不确定性，下面将讨论考虑不确定性的概率鲁棒非线性控制方法。

5.1.1　建立含不确定性的控制模型

从前面的章节可知，对含不确定性的非线性系统

$$\dot{\boldsymbol{x}}(t)=(f(\boldsymbol{x})+\delta f(\boldsymbol{x}))+(g(\boldsymbol{x})+\delta g(\boldsymbol{x}))\boldsymbol{u} \tag{5.1}$$

采用理想的动态逆控制量

$$\boldsymbol{u}_c(t)=g^{-1}(\boldsymbol{x})\left[\dot{\boldsymbol{y}}_{\text{des}}(t)-f(\boldsymbol{x})\right] \tag{5.2}$$

进行控制，可以得到表达式

$$\dot{\boldsymbol{y}}=(\boldsymbol{I}+\boldsymbol{\Delta}_g)\dot{\boldsymbol{y}}_{\text{des}}+(\boldsymbol{\Delta}_f-\boldsymbol{\Delta}_g)f(\boldsymbol{x}) \tag{5.3}$$

假设式(5.3)中的干扰项可以被看作不确定性，则可将式(5.3)重新表示为

$$\left.\begin{aligned}\dot{\boldsymbol{x}}&=\boldsymbol{A}(\boldsymbol{q})\boldsymbol{x}+\boldsymbol{B}(\boldsymbol{q})\boldsymbol{u}\\ \boldsymbol{y}&=\boldsymbol{C}(\boldsymbol{q})\boldsymbol{x}+\boldsymbol{D}(\boldsymbol{q})\boldsymbol{u}\end{aligned}\right\} \tag{5.4}$$

其中，$\boldsymbol{x}\in\mathbf{R}^n$ 为状态向量；$\boldsymbol{u}\in\mathbf{R}^p$ 为输入向量；$\boldsymbol{y}\in\mathbf{R}^q$ 为输出向量；$\boldsymbol{q}\in\mathbf{R}^m$ 为不确定参数向

量;$\boldsymbol{A}(\boldsymbol{q})$,$\boldsymbol{B}(\boldsymbol{q})$,$\boldsymbol{C}(\boldsymbol{q})$,$\boldsymbol{D}(\boldsymbol{q})$为含不确定性参数的系数矩阵。不确定参数向量 $\boldsymbol{q}$ 满足

$$\mathcal{B}_q \doteq \{\boldsymbol{q} \in \mathbf{R}^m : q_i \in [q_i^-, q_i^+], i=1,\cdots,m\} \tag{5.5}$$

不确定向量 $\boldsymbol{q}$ 的半径一般通过 ℓ_p 范数来量测,将其定义为

$$\|\boldsymbol{q}\|_p \doteq (\sum_{i=1}^{m} |q_i|^p)^{\frac{1}{p}}, p \in [1,\infty) \tag{5.6}$$

基于 ℓ_p 范数,且半径为 ρ 的球可定义为

$$\mathcal{B}_{\|\cdot\|_p}(\rho) \doteq \{\boldsymbol{q} \in \mathbf{R}^m : \|\boldsymbol{q}\|_p \leqslant \rho\} \tag{5.7}$$

基于 ℓ_p 范数,且半径为 ρ 的球的边界可定义为

$$\partial\mathcal{B}_{\|\cdot\|_p}(\rho) \doteq \{\boldsymbol{q} \in \mathbf{R}^m : \|\boldsymbol{q}\|_p = \rho\} \tag{5.8}$$

若将每个变化参数作为不确定参数进行处理,会将不确定参数向量 $\boldsymbol{q}$ 的范围扩大,增强系统设计的保守性。因此,需要将任一不确定参数 q_i 标准化为

$$q_i = c_i + w_i\delta, \quad |\delta_i| \leqslant 1, \quad i=1,\cdots,m \tag{5.9}$$

其中,$\{c_i\}_1^m$ 为不确定参数向量 $\boldsymbol{q}$ 的标称点;$\{\delta_i\}_1^m$ 为归一化后的参数不确定性;$\{w_i\}_1^m = \max(|\underline{q}_i|, |\bar{q}_i|)$ 为各个参数摄动的最大模值。

根据式(5.5)可将不确定参数向量 $\boldsymbol{q} = [q_1 \quad \cdots \quad q_m]^{\mathrm{T}} \in \mathbf{R}^m$ 表示为

$$\boldsymbol{q} = \boldsymbol{c} + \boldsymbol{X} \circ \boldsymbol{w} \tag{5.10}$$

其中,$\boldsymbol{c} = [c_1 \quad \cdots \quad c_n]^{\mathrm{T}} \in \mathbf{R}^n$;$\boldsymbol{w} = [w_1 \quad \cdots \quad w_m]^{\mathrm{T}} \in \mathbf{R}_+^m$;$\boldsymbol{X} = [\delta_1 \quad \cdots \quad \delta_m]^{\mathrm{T}} \in D \subset \mathbf{R}^m$ 为随机变量,且$\|\boldsymbol{X}\|_\infty \leqslant 1$。

根据式(5.10),不确定参数向量 $\boldsymbol{q}$ 可以等效地用归一化的不确定向量 $\boldsymbol{X}$ 来描述。基于 ℓ_p 范数的不确定向量 $\boldsymbol{X}$ 的球可定义为

$$\mathcal{B}_{\|\cdot\|_\infty}(1) \doteq \{\boldsymbol{X} \in \mathbf{R}^m : \|\boldsymbol{X}\|_\infty \leqslant 1\} \tag{5.11}$$

基于 ℓ_p 范数的不确定向量 $\boldsymbol{X}$ 的球的边界可定义为

$$\partial\mathcal{B}_{\|\cdot\|_\infty}(1) \doteq \{\boldsymbol{X} \in \mathbf{R}^m : \|\boldsymbol{X}\|_\infty = 1\} \tag{5.12}$$

若用对角矩阵 $\boldsymbol{\Delta}_A, \boldsymbol{\Delta}_B, \boldsymbol{\Delta}_C, \boldsymbol{\Delta}_D$ 的形式来分别描述 $\boldsymbol{A}(\boldsymbol{q})$,$\boldsymbol{B}(\boldsymbol{q})$,$\boldsymbol{C}(\boldsymbol{q})$,$\boldsymbol{D}(\boldsymbol{q})$ 中所含不确定性参数,可将其表示为

$$\left.\begin{aligned} \boldsymbol{A}(\boldsymbol{q}) &= \boldsymbol{A} + \boldsymbol{E}_A\boldsymbol{\Delta}_A\boldsymbol{F}_A \\ \boldsymbol{B}(\boldsymbol{q}) &= \boldsymbol{B} + \boldsymbol{E}_B\boldsymbol{\Delta}_B\boldsymbol{F}_B \\ \boldsymbol{C}(\boldsymbol{q}) &= \boldsymbol{C} + \boldsymbol{E}_C\boldsymbol{\Delta}_C\boldsymbol{F}_C \\ \boldsymbol{D}(\boldsymbol{q}) &= \boldsymbol{D} + \boldsymbol{E}_D\boldsymbol{\Delta}_D\boldsymbol{F}_D \end{aligned}\right\} \tag{5.13}$$

其中,$\boldsymbol{E}_A, \boldsymbol{E}_B, \boldsymbol{E}_C, \boldsymbol{E}_D$ 和 $\boldsymbol{F}_A, \boldsymbol{F}_B, \boldsymbol{F}_C, \boldsymbol{E}_D$ 分别为与 $\boldsymbol{A}(q)$,$\boldsymbol{B}(q)$,$\boldsymbol{C}(q)$,$\boldsymbol{D}(q)$ 阵中所含不确定性元素相关的加权系数矩阵。上述矩阵均具有适当维数。

根据式(5.10),显然$\|\boldsymbol{\Delta}_A\| \leqslant 1$,$\|\boldsymbol{\Delta}_B\| \leqslant 1$,$\|\boldsymbol{\Delta}_C\| \leqslant 1$,$\|\boldsymbol{\Delta}_D\| \leqslant 1$ 成立。

将式(5.13)代入式(5.1),则参数不确定性系统的状态空间方程可写为

$$\left.\begin{aligned} \dot{\boldsymbol{x}} &= (\boldsymbol{A} + \boldsymbol{E}_A\boldsymbol{\Delta}_A\boldsymbol{F}_A)\boldsymbol{x} + (\boldsymbol{B} + \boldsymbol{E}_B\boldsymbol{\Delta}_B\boldsymbol{F}_B)\boldsymbol{u} \\ \boldsymbol{y} &= (\boldsymbol{C} + \boldsymbol{E}_C\boldsymbol{\Delta}_C\boldsymbol{F}_C)\boldsymbol{x} + (\boldsymbol{D} + \boldsymbol{E}_D\boldsymbol{\Delta}_D\boldsymbol{F}_D)\boldsymbol{u} \end{aligned}\right\} \tag{5.14}$$

令 $\boldsymbol{\Delta} = \mathrm{diag}(\boldsymbol{\Delta}_A, \boldsymbol{\Delta}_B, \boldsymbol{\Delta}_C, \boldsymbol{\Delta}_D)$,$\|\boldsymbol{\Delta}\| \leqslant 1$。可将式(5.14)作如下变形:

$$\left.\begin{aligned} \dot{\boldsymbol{x}} &= \boldsymbol{Ax} + \boldsymbol{Bu} + \boldsymbol{B}_1(\boldsymbol{\Delta C}_1\boldsymbol{x} + \boldsymbol{\Delta D}_{12}\boldsymbol{u}) \\ \boldsymbol{y} &= \boldsymbol{Cx} + \boldsymbol{Du} + \boldsymbol{D}_{21}(\boldsymbol{\Delta}C_1\boldsymbol{x} + \boldsymbol{\Delta D}_{12}\boldsymbol{u}) \end{aligned}\right\} \tag{5.15}$$

其中,$\boldsymbol{B}_1 = [\boldsymbol{E}_A \quad \boldsymbol{E}_B \quad \boldsymbol{0} \quad \boldsymbol{0}]$,$\boldsymbol{D}_{21} = [\boldsymbol{0} \quad \boldsymbol{0} \quad \boldsymbol{E}_C \quad \boldsymbol{E}_D]$,$\boldsymbol{C}_1 = [\boldsymbol{F}_A \quad \boldsymbol{0} \quad \boldsymbol{F}_C \quad \boldsymbol{0}]^{\mathrm{T}}$,

$\boldsymbol{D}_{12}=[\boldsymbol{0}\quad \boldsymbol{F}_B\quad \boldsymbol{0}\quad \boldsymbol{F}_D]^{\mathrm{T}}$。

假设 $\boldsymbol{z}=\boldsymbol{C}_1\boldsymbol{x}+\boldsymbol{D}_{12}u$，$\boldsymbol{w}=\boldsymbol{\Delta z}$，将其代入式(5.15)中，可得具有范数有界型参数不确定性的系统状态空间表达式为

$$G\begin{cases}\dot{\boldsymbol{x}}=\boldsymbol{A}\boldsymbol{x}+\boldsymbol{B}_1\boldsymbol{w}+\boldsymbol{B}_2\boldsymbol{u}\\ \boldsymbol{z}=\boldsymbol{C}_1\boldsymbol{x}+\boldsymbol{D}_{12}\boldsymbol{u}\\ \boldsymbol{y}=\boldsymbol{C}_2\boldsymbol{x}+\boldsymbol{D}_{21}w+\boldsymbol{D}_{22}\boldsymbol{u}\\ \boldsymbol{w}=\boldsymbol{\Delta z},\quad \|\boldsymbol{\Delta}\|\leqslant 1\end{cases}\tag{5.16}$$

式(5.16)中，$\boldsymbol{\Delta}$ 属于分块对角结构型矩阵集合 D：

$$D\doteq\{\boldsymbol{\Delta}\in\mathbf{R}^{s\times s}:\boldsymbol{\Delta}=b\,\mathrm{diag}(\delta_1\boldsymbol{I}_{s1},\cdots,\delta_m\boldsymbol{I}_{sm})\}\tag{5.17}$$

其中，δ_i，$i=1,\cdots,m$ 是归一化的不确定参数；s_i，$i=1,\cdots,m$ 是 δ_i 的重复次数。

综上所述，基于 ℓ_p 范数的半径为 ρ 的不确定向量 $\boldsymbol{\Delta}$ 球可定义为

$$\mathcal{B}_D(\rho)\doteq\{\boldsymbol{\Delta}\in D:\|\boldsymbol{X}\|_p\leqslant\rho\}\tag{5.18}$$

5.1.2　含不确定性的动态逆模型控制问题

前面建立的含不确定性的非线性动态逆模型式(5.16)是一个标准的范数有界型系统模型。假设系统式(5.16)的一个动态输出反馈控制器为

$$K\begin{cases}\dot{\boldsymbol{x}}_K=\boldsymbol{A}_K\boldsymbol{x}_K+\boldsymbol{B}_K\boldsymbol{y}\\ \boldsymbol{u}=\boldsymbol{C}_K\boldsymbol{x}_K+\boldsymbol{D}_K\boldsymbol{y}\end{cases}\tag{5.19}$$

那么，结合模型 G 和控制器 K 可以形成一个如图 5-1 所示的范数有界型参数不确定系统。

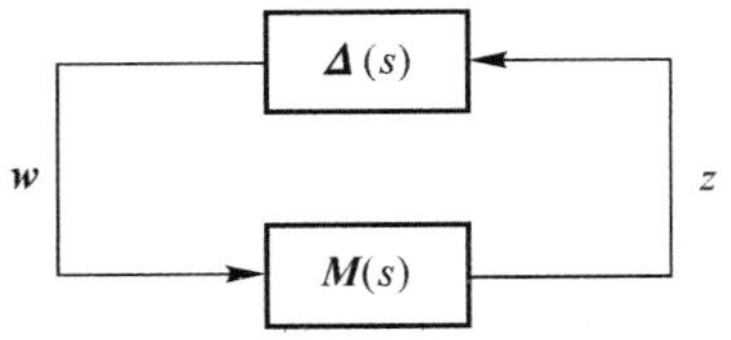

图 5-1　范数有界型参数不确定系统示意图

其中，除 $\boldsymbol{\Delta}$ 以外的部分是广义控制对象 G 与控制器 K 的 LFT 连接：

$$\boldsymbol{M}(s)=F_\ell(G,K)\tag{5.20}$$

根据小增益定理，当 $\|\boldsymbol{\Delta}(s)\|_\infty\leqslant 1$ 时，保证范数有界型参数不确定系统二次镇定条件是标称闭环系统 $\boldsymbol{M}(s)$ 稳定且满足 H_∞ 范数条件：

$$\|\boldsymbol{M}(s)\|_\infty<1\tag{5.21}$$

定理 5.1(小增益定理)　设 $\boldsymbol{M}(s)$，$\boldsymbol{\Delta}(s)$ 稳定，则如图 5-1 所示的闭环系统鲁棒稳定的充要条件是以下两个条件之一成立：

(1) 当 $\|\boldsymbol{\Delta}(s)\|_\infty\leqslant 1$ 时，$\|\boldsymbol{M}(s)_\infty<1$ 成立；

(2) 当 $\|\boldsymbol{\Delta}(s)\|_\infty<1$ 时，$\|\boldsymbol{M}(s)\|_\infty\leqslant 1$ 成立。

5.1.3 范数有界型鲁棒控制器求解

假设由 G 和 K 组成的闭环传递函数的矩阵实现为 $\boldsymbol{T}_{zw}(s)=(\boldsymbol{A}_C,\boldsymbol{B}_C,\boldsymbol{C}_C,\boldsymbol{D}_C)$，即

$$\begin{bmatrix}\dot{\boldsymbol{x}}\\ \dot{\boldsymbol{x}}_K\\ \boldsymbol{z}\end{bmatrix}=\begin{bmatrix}\boldsymbol{A}_C & \boldsymbol{B}_C\\ \boldsymbol{C}_C & \boldsymbol{D}_C\end{bmatrix}\begin{bmatrix}\boldsymbol{x}\\ \boldsymbol{x}_K\\ \boldsymbol{w}\end{bmatrix} \tag{5.22}$$

其中

$$\left[\begin{array}{c:c}\boldsymbol{A}_C & \boldsymbol{B}_C\\ \hdashline \boldsymbol{C}_C & \boldsymbol{D}_C\end{array}\right]=\left[\begin{array}{cc:c}\boldsymbol{A}+\boldsymbol{B}_2\boldsymbol{D}_K\boldsymbol{C}_2 & \boldsymbol{B}_2\boldsymbol{C}_K & r\boldsymbol{B}_1+r\boldsymbol{B}_2\boldsymbol{D}_K\boldsymbol{D}_{21}\\ \boldsymbol{B}_K\boldsymbol{C}_2 & \boldsymbol{A}_K & r\boldsymbol{B}_K\boldsymbol{D}_{21}\\ \hdashline \boldsymbol{C}_1+\boldsymbol{D}_{12}\boldsymbol{D}_K\boldsymbol{C}_2 & \boldsymbol{D}_{12}\boldsymbol{C}_K & r\boldsymbol{D}_{12}\boldsymbol{D}_K\boldsymbol{D}_{21}\end{array}\right]$$

根据有界实引理[6]，可以推导出式(5.22) 基于 LMI 的 H_∞ 控制问题可解条件。

定理 5.2 设 $G(s)$ 满足$(\boldsymbol{A},\boldsymbol{B}_2)$可稳定，$(\boldsymbol{C}_2,\boldsymbol{A})$可检测，则存在控制器 $K(s)$ 使得广义闭环反馈系统内部稳定，并满足$\|\boldsymbol{T}_{zw}\|_\infty<1$ 的充要条件是以下 LMI：

$$\begin{bmatrix}\boldsymbol{N}_X^{\mathrm{T}} & \boldsymbol{0}\\ \boldsymbol{0} & \boldsymbol{I}_{nw}\end{bmatrix}\begin{bmatrix}\boldsymbol{AX}+\boldsymbol{XA}^{\mathrm{T}} & \boldsymbol{XC}_1^{\mathrm{T}} & \boldsymbol{B}_1\\ \boldsymbol{C}_1\boldsymbol{X} & -\boldsymbol{I} & \boldsymbol{0}\\ \boldsymbol{B}_1^{\mathrm{T}} & \boldsymbol{0} & -\boldsymbol{I}\end{bmatrix}\begin{bmatrix}\boldsymbol{N}_X & \boldsymbol{0}\\ \boldsymbol{0} & \boldsymbol{I}_{nw}\end{bmatrix}<0 \tag{5.23a}$$

$$\begin{bmatrix}\boldsymbol{N}_Y^{\mathrm{T}} & \boldsymbol{0}\\ \boldsymbol{0} & \boldsymbol{I}_{nz}\end{bmatrix}\begin{bmatrix}\boldsymbol{YA}+\boldsymbol{A}^{\mathrm{T}}\boldsymbol{Y} & \boldsymbol{YB}_1 & \boldsymbol{C}_1^{\mathrm{T}}\\ \boldsymbol{B}_1^{\mathrm{T}}\boldsymbol{Y} & -\boldsymbol{I} & \boldsymbol{0}\\ \boldsymbol{C}_1 & \boldsymbol{0} & -\boldsymbol{I}\end{bmatrix}\begin{bmatrix}\boldsymbol{N}_Y & \boldsymbol{0}\\ \boldsymbol{0} & \boldsymbol{I}_{nz}\end{bmatrix}<0 \tag{5.23b}$$

$$\begin{bmatrix}\boldsymbol{X} & \boldsymbol{I}\\ \boldsymbol{I} & \boldsymbol{Y}\end{bmatrix}\geqslant 0,\qquad \operatorname{rank}\begin{bmatrix}\boldsymbol{X} & \boldsymbol{I}\\ \boldsymbol{I} & \boldsymbol{Y}\end{bmatrix}\leqslant n+n_K \tag{5.23c}$$

有正定解 $\boldsymbol{X},\boldsymbol{Y}$。

其中，$\boldsymbol{N}_X=[\boldsymbol{B}_2^{\mathrm{T}}\quad \boldsymbol{D}_{12}^{\mathrm{T}}]_\perp$，$\boldsymbol{N}_Y=[\boldsymbol{C}_2\quad \boldsymbol{D}_{21}]_\perp$。

定理 5.2 的证明见参考文献[129]。

若由定理 5.2 解得 $\boldsymbol{X},\boldsymbol{Y}$，可求得系统式(5.16) 的一个控制器为

$$\left.\begin{aligned}
\boldsymbol{A}_k&=-\boldsymbol{N}^{-1}\{\boldsymbol{A}^{\mathrm{T}}+\boldsymbol{Y}[\boldsymbol{A}+\boldsymbol{B}_2\boldsymbol{R}+\boldsymbol{LC}_2]\boldsymbol{X}+\boldsymbol{Y}[\boldsymbol{B}_1+\boldsymbol{LD}_{21}]\boldsymbol{B}_1^{\mathrm{T}}+\boldsymbol{C}_1^{\mathrm{T}}[\boldsymbol{C}_1+\boldsymbol{D}_{12}\boldsymbol{R}]\boldsymbol{X}\}\boldsymbol{M}^{-\mathrm{T}}\\
\boldsymbol{B}_k&=\boldsymbol{N}^{-1}\boldsymbol{YL}\\
\boldsymbol{C}_k&=\boldsymbol{RXM}^{-\mathrm{T}}\\
\boldsymbol{D}_k&=\boldsymbol{0}
\end{aligned}\right\} \tag{5.24}$$

其中，$\boldsymbol{M},\boldsymbol{N}$ 是矩阵 $\boldsymbol{I}-\boldsymbol{XY}$ 的奇异值分解，$\boldsymbol{MN}^{\mathrm{T}}=\boldsymbol{I}-\boldsymbol{XY}$。$\boldsymbol{R},\boldsymbol{L}$ 的表达式为

$$\left.\begin{aligned}
\boldsymbol{R}&=-[\boldsymbol{D}_{12}^{\mathrm{T}}\boldsymbol{D}_{12}]^{-1}[\boldsymbol{B}_2^{\mathrm{T}}\boldsymbol{X}^{-1}+\boldsymbol{D}_{12}^{\mathrm{T}}\boldsymbol{C}_1]\\
\boldsymbol{L}&=-[\boldsymbol{Y}^{-1}\boldsymbol{C}_2^{\mathrm{T}}+\boldsymbol{B}_1\boldsymbol{D}_{21}^{\mathrm{T}}][\boldsymbol{D}_{21}\boldsymbol{D}_{21}^{\mathrm{T}}]^{-1}
\end{aligned}\right\} \tag{5.25}$$

通过定理 5.2 可以求得$\|\boldsymbol{\Delta}\|_\infty\leqslant 1$ 对应的控制器 K。接下来将分析当$\|\boldsymbol{\Delta}\|_\infty\leqslant r,0<r\leqslant 1$ 时，所对应控制器 K_r 的求解。

假设可将 $\boldsymbol{B}_r$ 内的随机变量表示为$\boldsymbol{\xi}=[\xi_1\quad\cdots\quad\xi_m]^{\mathrm{T}}\in\boldsymbol{B}_r$，$\|\boldsymbol{\xi}\|_\infty\leqslant 1$。那么 $\boldsymbol{B}_r$ 内相应的随机变量$\boldsymbol{\Delta}=[\delta_1\quad\cdots\quad\delta_m]^{\mathrm{T}}$ 与 $\boldsymbol{\xi}=[\xi_1\quad\cdots\quad\xi_m]^{\mathrm{T}}$ 的关系为 $\boldsymbol{\Delta}=r\boldsymbol{\xi}$。可将范数有界型系统

式(5.16) 重新表达为

$$G_r \quad \left.\begin{cases} \dot{\boldsymbol{x}} = \boldsymbol{A}\boldsymbol{x} + r\boldsymbol{B}_1\boldsymbol{w} + \boldsymbol{B}_2\boldsymbol{u} \\ \boldsymbol{z} = \boldsymbol{C}_1\boldsymbol{x} + \boldsymbol{D}_{12}\boldsymbol{u} \\ \boldsymbol{y} = \boldsymbol{C}_2\boldsymbol{x} + r\boldsymbol{D}_{21}\boldsymbol{w} + \boldsymbol{D}_{22}\boldsymbol{u} \end{cases} \\ \boldsymbol{w} = \boldsymbol{\Xi}\boldsymbol{z}, \quad \|\boldsymbol{\Xi}\| \leqslant 1 \right\} \tag{5.26}$$

其中,$\boldsymbol{\Xi} = \mathrm{diag}(\boldsymbol{\xi}_A, \boldsymbol{\xi}_B, \boldsymbol{\xi}_C, \boldsymbol{\xi}_D)$,$\|\boldsymbol{\Xi}\| \leqslant 1$。$\boldsymbol{\zeta}_A, \boldsymbol{\zeta}_B, \boldsymbol{\zeta}_C, \boldsymbol{\zeta}_D$ 分别为与 $\boldsymbol{\Delta}_A, \boldsymbol{\Delta}_B, \boldsymbol{\Delta}_C, \boldsymbol{\Delta}_D$ 相对应的对角矩阵,且$\|\boldsymbol{\xi}_A\| \leqslant 1$,$\|\boldsymbol{\xi}_B\| \leqslant 1$,$\|\boldsymbol{\xi}_C\| \leqslant 1$,$\|\boldsymbol{\xi}_D\| \leqslant 1$ 成立。

式(5.26) 的推导过程如下:

$\boldsymbol{B}_r$ 内的随机变量存在 $\boldsymbol{X} = r\boldsymbol{\xi}$,可求得 $\boldsymbol{\Delta} = r\boldsymbol{\Xi}$。

将 $\boldsymbol{\Delta} = r\boldsymbol{\Xi}$ 代入式(5.15),可得

$$\left.\begin{aligned} \dot{\boldsymbol{x}} &= \boldsymbol{A}\boldsymbol{x} + \boldsymbol{B}\boldsymbol{u} + r\boldsymbol{B}_1(\boldsymbol{\Xi}\boldsymbol{C}_1\boldsymbol{x} + \boldsymbol{\Xi}\boldsymbol{D}_{12}\boldsymbol{u}) \\ \boldsymbol{y} &= \boldsymbol{C}\boldsymbol{x} + \boldsymbol{D}\boldsymbol{u} + r\boldsymbol{D}_{21}(\boldsymbol{\Xi}\boldsymbol{C}_1\boldsymbol{x} + \boldsymbol{\Xi}\boldsymbol{D}_{12}\boldsymbol{u}) \end{aligned}\right\} \tag{5.27}$$

假设 $\boldsymbol{z} = \boldsymbol{C}_1\boldsymbol{x} + \boldsymbol{D}_{12}\boldsymbol{u}$,$\boldsymbol{w} = \boldsymbol{\Xi}\boldsymbol{z}$,将其代入式(5.27) 中,可将式(5.16) 整理为(5.26)。

设系统式(5.26) 的动态输出反馈控制器为

$$K_r \quad \begin{cases} \dot{\boldsymbol{x}}_K = \boldsymbol{A}_K\boldsymbol{x}_K + \boldsymbol{B}_K\boldsymbol{y} \\ \boldsymbol{u} = \boldsymbol{C}_K\boldsymbol{x}_K + \boldsymbol{D}_K\boldsymbol{y} \end{cases} \tag{5.28}$$

根据有界实引理,可以推导出式(5.28) 基于 LMI 的 H_∞ 控制问题可解条件。

定理 5.3　设 $G_r(s)$ 满$(\boldsymbol{A}, r\boldsymbol{B}_2)$ 可稳定,$(\boldsymbol{C}_2, \boldsymbol{A})$ 可检测,则存在控制器 K_r 使得广义闭环反馈系统内部稳定,并满足$\|\boldsymbol{T}_{zw}\|_\infty < 1$ 的充要条件是以下 LMI:

$$\begin{bmatrix} \boldsymbol{N}_X^{\mathrm{T}} & \boldsymbol{0} \\ \boldsymbol{0} & \boldsymbol{I}_{nw} \end{bmatrix} \begin{bmatrix} \boldsymbol{A}\boldsymbol{X} + \boldsymbol{X}\boldsymbol{A}^{\mathrm{T}} & \boldsymbol{X}\boldsymbol{C}_1^{\mathrm{T}} & r\boldsymbol{B}_1 \\ \boldsymbol{C}_1\boldsymbol{X} & -\boldsymbol{I} & \boldsymbol{0} \\ r\boldsymbol{B}_1^{\mathrm{T}} & \boldsymbol{0} & -\boldsymbol{I} \end{bmatrix} \begin{bmatrix} \boldsymbol{N}_X & \boldsymbol{0} \\ \boldsymbol{0} & \boldsymbol{I}_{nw} \end{bmatrix} < 0 \tag{5.29a}$$

$$\begin{bmatrix} \boldsymbol{N}_Y^{\mathrm{T}} & \boldsymbol{0} \\ \boldsymbol{0} & \boldsymbol{I}_{nz} \end{bmatrix} \begin{bmatrix} \boldsymbol{Y}\boldsymbol{A} + \boldsymbol{A}^{\mathrm{T}}\boldsymbol{Y} & r\boldsymbol{Y}\boldsymbol{B}_1 & \boldsymbol{C}_1^{\mathrm{T}} \\ r\boldsymbol{B}_1^{\mathrm{T}}\boldsymbol{Y} & -\boldsymbol{I} & \boldsymbol{0} \\ \boldsymbol{C}_1 & \boldsymbol{0} & -\boldsymbol{I} \end{bmatrix} \begin{bmatrix} \boldsymbol{N}_Y & \boldsymbol{0} \\ \boldsymbol{0} & \boldsymbol{I}_{nz} \end{bmatrix} < 0 \tag{5.29b}$$

$$\begin{bmatrix} \boldsymbol{X} & \boldsymbol{I} \\ \boldsymbol{I} & \boldsymbol{Y} \end{bmatrix} \geqslant 0, \qquad \mathrm{rank}\begin{bmatrix} \boldsymbol{X} & \boldsymbol{I} \\ \boldsymbol{I} & \boldsymbol{Y} \end{bmatrix} \leqslant n + n_K \tag{5.29c}$$

有正定解 $\boldsymbol{X}, \boldsymbol{Y}$。

其中,$\boldsymbol{N}_X = [\boldsymbol{B}_2^{\mathrm{T}} \quad \boldsymbol{D}_{12}^{\mathrm{T}}]_\perp$,$\boldsymbol{N}_Y = [\boldsymbol{C}_2 \quad r\boldsymbol{D}_{21}]_\perp$。

若由定理 5.3 解得 $\boldsymbol{X}, \boldsymbol{Y}$,则可求得系统(5.26) 的一个控制器 K_r 为

$$\left.\begin{aligned} \boldsymbol{A}_k &= -\boldsymbol{N}^{-1}\{\boldsymbol{A}^{\mathrm{T}} + \boldsymbol{Y}[\boldsymbol{A} + r\boldsymbol{B}_2\boldsymbol{R} + \boldsymbol{L}\boldsymbol{C}_2]\boldsymbol{X} + \boldsymbol{Y}[\boldsymbol{B}_1 + r\boldsymbol{L}\boldsymbol{D}_{21}]\boldsymbol{B}_1^{\mathrm{T}} + \boldsymbol{C}_1^{\mathrm{T}}[\boldsymbol{C}_1 + \boldsymbol{D}_{12}\boldsymbol{R}]\boldsymbol{X}\}\boldsymbol{M}^{-\mathrm{T}} \\ \boldsymbol{B}_k &= \boldsymbol{N}^{-1}\boldsymbol{Y}\boldsymbol{L} \\ \boldsymbol{C}_k &= \boldsymbol{R}\boldsymbol{X}\boldsymbol{M}^{-\mathrm{T}} \\ \boldsymbol{D}_k &= \boldsymbol{0} \end{aligned}\right\} \tag{5.30}$$

其中,$\boldsymbol{M}, \boldsymbol{N}$ 是矩阵 $\boldsymbol{I} - \boldsymbol{X}\boldsymbol{Y}$ 的奇异值分解,$\boldsymbol{M}\boldsymbol{N}^{\mathrm{T}} = \boldsymbol{I} - \boldsymbol{X}\boldsymbol{Y}$。$\boldsymbol{R}, \boldsymbol{L}$ 的表达式为

$$\left.\begin{aligned} \boldsymbol{R} &= -[\boldsymbol{D}_{12}^{\mathrm{T}}\boldsymbol{D}_{12}]^{-1}[r\boldsymbol{B}_2^{\mathrm{T}}\boldsymbol{X}^{-1} + \boldsymbol{D}_{12}^{\mathrm{T}}\boldsymbol{C}_1] \\ \boldsymbol{L} &= -[\boldsymbol{Y}^{-1}\boldsymbol{C}_2^{\mathrm{T}} + \boldsymbol{B}_1\boldsymbol{D}_{21}^{\mathrm{T}}][r^2\boldsymbol{D}_{21}\boldsymbol{D}_{21}^{\mathrm{T}}]^{-1} \end{aligned}\right\} \tag{5.31}$$

定理 5.3 的证明如下：

假设由 G_r 和 K_r 组成的闭环传递函数的矩阵实现为 $\boldsymbol{T}_{zw}(s)=(\boldsymbol{A}_C,\boldsymbol{B}_C,\boldsymbol{C}_C,\boldsymbol{D}_C)$。其中

$$\left[\begin{array}{c|c}\boldsymbol{A}_C & \boldsymbol{B}_C \\ \hline \boldsymbol{C}_C & \boldsymbol{D}_C\end{array}\right]=\left[\begin{array}{cc|c}\boldsymbol{A}+\boldsymbol{B}_2\boldsymbol{D}_K\boldsymbol{C}_2 & \boldsymbol{B}_2\boldsymbol{C}_K & r\boldsymbol{B}_1+r\boldsymbol{B}_2\boldsymbol{D}_K\boldsymbol{D}_{21} \\ \boldsymbol{B}_K\boldsymbol{C}_{21} & \boldsymbol{A}_K & r\boldsymbol{B}_K\boldsymbol{D}_{21} \\ \hline \boldsymbol{C}_1+\boldsymbol{D}_{12}\boldsymbol{D}_K\boldsymbol{C}_2 & \boldsymbol{D}_{12}\boldsymbol{C}_K & r\boldsymbol{D}_{12}\boldsymbol{D}_K\boldsymbol{D}_{12}\end{array}\right] \tag{5.32}$$

考察闭环系统参数矩阵与控制器参数矩阵之间的关系。式(5.32)可以写成

$$\begin{bmatrix}\boldsymbol{A}_C & \boldsymbol{B}_C \\ \boldsymbol{C}_C & \boldsymbol{D}_C\end{bmatrix}=\begin{bmatrix}\bar{\boldsymbol{A}} & \bar{\boldsymbol{B}}_1 \\ \bar{\boldsymbol{C}}_1 & \boldsymbol{0}\end{bmatrix}+\begin{bmatrix}\bar{\boldsymbol{B}}_2 \\ \bar{\boldsymbol{D}}_{12}\end{bmatrix}\boldsymbol{\kappa}\begin{bmatrix}\bar{\boldsymbol{C}}_2 & \bar{\boldsymbol{D}}_{21}\end{bmatrix} \tag{5.33}$$

其中，控制器参数矩阵 $\boldsymbol{\kappa}=\begin{bmatrix}\boldsymbol{D}_K & \boldsymbol{C}_K \\ \boldsymbol{B}_K & \boldsymbol{A}_K\end{bmatrix}$，各个系数矩阵为

$$\left[\begin{array}{c|c|c}\bar{\boldsymbol{A}} & \bar{\boldsymbol{B}}_1 & \bar{\boldsymbol{B}}_2 \\ \hline \bar{\boldsymbol{C}}_1 & \boldsymbol{0} & \bar{\boldsymbol{D}}_{12} \\ \hline \bar{\boldsymbol{C}}_2 & \bar{\boldsymbol{D}}_{12} & \end{array}\right]=\left[\begin{array}{cc|c|cc}\boldsymbol{A} & \boldsymbol{0} & \boldsymbol{B}_1 & r\boldsymbol{B}_2 & \boldsymbol{0} \\ \boldsymbol{0} & \boldsymbol{0} & \boldsymbol{0} & \boldsymbol{0} & \boldsymbol{L} \\ \hline \boldsymbol{C}_1 & \boldsymbol{0} & \boldsymbol{0} & \boldsymbol{D}_{12} & \boldsymbol{0} \\ \hline \boldsymbol{C}_2 & \boldsymbol{0} & r\boldsymbol{D}_{21} & & \\ \boldsymbol{0} & \boldsymbol{I} & \boldsymbol{0} & & \end{array}\right]$$

根据有界实引理，H_∞ 控制问题有解的充要条件是存在满足如下不等式的矩阵 $\boldsymbol{P}$：

$$\begin{bmatrix}\boldsymbol{A}_C^{\mathrm{T}}\boldsymbol{P}+\boldsymbol{P}\boldsymbol{A}_C & \boldsymbol{P}\boldsymbol{B}_C & \boldsymbol{C}_C^{\mathrm{T}} \\ \boldsymbol{B}_C^{\mathrm{T}}\boldsymbol{P} & -\boldsymbol{I} & \boldsymbol{D}_C^{\mathrm{T}} \\ \boldsymbol{C}_C & \boldsymbol{D}_C & -\boldsymbol{I}\end{bmatrix}<0 \tag{5.34}$$

将式(5.33)代入式(5.34)，可得

$$\boldsymbol{E}^{\mathrm{T}}\boldsymbol{\kappa}\boldsymbol{F}+\boldsymbol{F}^{\mathrm{T}}\boldsymbol{\kappa}^{\mathrm{T}}\boldsymbol{E}+\boldsymbol{Q}<0 \tag{5.35}$$

其中

$$\left[\begin{array}{c|c}\boldsymbol{Q} & \boldsymbol{E}^{\mathrm{T}} \\ \hline \boldsymbol{F} & \end{array}\right]\left[\begin{array}{ccc|c}\bar{\boldsymbol{A}}^{\mathrm{T}}\boldsymbol{P} & \boldsymbol{P}\bar{\boldsymbol{B}}_1 & \bar{\boldsymbol{C}}_1^{\mathrm{T}} & \boldsymbol{P}\bar{\boldsymbol{B}}_2 \\ \bar{\boldsymbol{B}}_1^{\mathrm{T}}\boldsymbol{P} & -\boldsymbol{I} & \boldsymbol{0} & \boldsymbol{0} \\ \bar{\boldsymbol{C}}_1 & \boldsymbol{0} & -\boldsymbol{I} & \bar{\boldsymbol{D}}_{12} \\ \hline \bar{\boldsymbol{C}}_2 & \bar{\boldsymbol{D}}_{21} & \boldsymbol{0} & \end{array}\right]$$

根据求解 BMI 消元法定理，存在满足式(5.35)LMI 的矩阵 $\boldsymbol{\kappa}$ 的充要条件是以下两个 LMI 同时成立：

$$\boldsymbol{E}_\perp^{\mathrm{T}}\boldsymbol{Q}\boldsymbol{E}_\perp<0,\quad \boldsymbol{F}_\perp^{\mathrm{T}}\boldsymbol{Q}\boldsymbol{F}_\perp<0 \tag{5.36}$$

可求得

$$\boldsymbol{E}_\perp=\begin{bmatrix}\boldsymbol{P}^{-1} & & \\ & \boldsymbol{I} & \boldsymbol{0} \\ & \boldsymbol{0} & \boldsymbol{I}\end{bmatrix}\begin{bmatrix}\boldsymbol{I} & & & \\ & \boldsymbol{0} & \boldsymbol{0} & \boldsymbol{I} \\ & \boldsymbol{0} & \boldsymbol{I} & \boldsymbol{0} \\ & \boldsymbol{I} & \boldsymbol{0} & \boldsymbol{0}\end{bmatrix}\begin{bmatrix}\boldsymbol{N}_X & \boldsymbol{0} \\ \boldsymbol{0} & \boldsymbol{I} \\ \boldsymbol{0} & \boldsymbol{0}\end{bmatrix}$$

其中

$$\boldsymbol{N}_X=\begin{bmatrix}\boldsymbol{B}_2^{\mathrm{T}} & \boldsymbol{D}_{12}^{\mathrm{T}}\end{bmatrix}_\perp,\quad \boldsymbol{F}_\perp=\begin{bmatrix}\boldsymbol{I} & & & \\ & \boldsymbol{0} & \boldsymbol{I} & \boldsymbol{0} \\ & \boldsymbol{I} & \boldsymbol{0} & \boldsymbol{0} \\ & \boldsymbol{0} & \boldsymbol{0} & \boldsymbol{I}\end{bmatrix}\begin{bmatrix}\boldsymbol{N}_Y & \boldsymbol{0} \\ \boldsymbol{0} & \boldsymbol{0} \\ \boldsymbol{0} & \boldsymbol{I}\end{bmatrix}$$

其中
$$\boldsymbol{N}_Y = [\boldsymbol{C}_2 \quad r\boldsymbol{D}_{21}]_{\perp}$$

计算

$$\boldsymbol{E}_{\perp}^{\mathrm{T}} \boldsymbol{Q} \boldsymbol{E}_{\perp} = \begin{bmatrix} \boldsymbol{N}_X & \boldsymbol{0} \\ \boldsymbol{0} & \boldsymbol{I} \\ \boldsymbol{0} & \boldsymbol{0} \end{bmatrix} \begin{bmatrix} \boldsymbol{AX} + \boldsymbol{XA}^{\mathrm{T}} & \boldsymbol{XC}_1^{\mathrm{T}} & r\boldsymbol{B}_1 & * \\ \boldsymbol{C}_1\boldsymbol{X} & -\boldsymbol{I} & \boldsymbol{0} & * \\ r\boldsymbol{B}_1^{\mathrm{T}} & \boldsymbol{0} & -\boldsymbol{I} & \boldsymbol{0} \\ * & * & \boldsymbol{0} & \boldsymbol{0} \end{bmatrix} \begin{bmatrix} \boldsymbol{N}_X & \boldsymbol{0} \\ \boldsymbol{0} & \boldsymbol{I} \\ \boldsymbol{0} & \boldsymbol{0} \end{bmatrix} =$$

$$\begin{bmatrix} \boldsymbol{N}_Y^{\mathrm{T}} & \boldsymbol{0} \\ \boldsymbol{0} & \boldsymbol{I}_{nz} \end{bmatrix} \begin{bmatrix} \boldsymbol{YA} + \boldsymbol{A}^{\mathrm{T}}\boldsymbol{Y} & r\boldsymbol{YB}_1 & \boldsymbol{C}_1^{\mathrm{T}} \\ r\boldsymbol{B}_1^{\mathrm{T}}\boldsymbol{Y} & -\boldsymbol{I} & \boldsymbol{0} \\ \boldsymbol{C}_1 & \boldsymbol{0} & -\boldsymbol{I} \end{bmatrix} \begin{bmatrix} \boldsymbol{N}_Y & \boldsymbol{0} \\ \boldsymbol{0} & \boldsymbol{I}_{nz} \end{bmatrix}$$

$$\boldsymbol{F}_{\perp}^{\mathrm{T}} \boldsymbol{Q} \boldsymbol{F}_{\perp} = \begin{bmatrix} \boldsymbol{N}_Y & \boldsymbol{0} \\ \boldsymbol{0} & \boldsymbol{0} \\ \boldsymbol{0} & \boldsymbol{I} \end{bmatrix}^{\mathrm{T}} \begin{bmatrix} \boldsymbol{YA} + \boldsymbol{A}^{\mathrm{T}}\boldsymbol{Y} & r\boldsymbol{YB}_1 & * & \boldsymbol{C}_1^{\mathrm{T}} \\ r\boldsymbol{B}_1^{\mathrm{T}}\boldsymbol{Y} & -\boldsymbol{I} & * & \boldsymbol{0} \\ * & * & \boldsymbol{0} & \boldsymbol{0} \\ \boldsymbol{C}_1 & \boldsymbol{0} & \boldsymbol{0} & -\boldsymbol{I} \end{bmatrix} \begin{bmatrix} \boldsymbol{N}_Y & \boldsymbol{0} \\ \boldsymbol{0} & \boldsymbol{0} \\ \boldsymbol{0} & \boldsymbol{I} \end{bmatrix} =$$

$$\begin{bmatrix} \boldsymbol{N}_Y & \boldsymbol{0} \\ \boldsymbol{0} & \boldsymbol{I} \\ \boldsymbol{0} & \boldsymbol{0} \end{bmatrix}^{\mathrm{T}} \begin{bmatrix} 1 & 0 & 0 \\ 0 & 0 & 1 \\ 0 & 1 & 0 \end{bmatrix} \begin{bmatrix} \boldsymbol{YA} + \boldsymbol{A}^{\mathrm{T}}\boldsymbol{Y} & r\boldsymbol{YB}_1 & * & \boldsymbol{C}_1^{\mathrm{T}} \\ r\boldsymbol{B}_1^{\mathrm{T}}\boldsymbol{Y} & -\boldsymbol{I} & * & \boldsymbol{0} \\ * & * & \boldsymbol{0} & \boldsymbol{0} \\ \boldsymbol{C}_1 & \boldsymbol{0} & \boldsymbol{0} & -\boldsymbol{I} \end{bmatrix} \begin{bmatrix} 1 & 0 & 0 \\ 0 & 0 & 1 \\ 0 & 1 & 0 \end{bmatrix} \begin{bmatrix} \boldsymbol{N}_Y & \boldsymbol{0} \\ \boldsymbol{0} & \boldsymbol{I} \\ \boldsymbol{0} & \boldsymbol{0} \end{bmatrix} =$$

$$\begin{bmatrix} \boldsymbol{N}_Y^{\mathrm{T}} & \boldsymbol{0} \\ \boldsymbol{0} & \boldsymbol{I}_{nz} \end{bmatrix} \begin{bmatrix} \boldsymbol{YA} + \boldsymbol{A}^{\mathrm{T}}\boldsymbol{Y} & r\boldsymbol{YB}_1 & \boldsymbol{C}_1^{\mathrm{T}} \\ r\boldsymbol{B}_1^{\mathrm{T}}\boldsymbol{Y} & -\boldsymbol{I} & \boldsymbol{0} \\ \boldsymbol{C}_1 & \boldsymbol{0} & -\boldsymbol{I} \end{bmatrix} \begin{bmatrix} \boldsymbol{N}_Y & \boldsymbol{0} \\ \boldsymbol{0} & \boldsymbol{I}_{nz} \end{bmatrix}$$

把上述计算结果代入式(5.36)中,定理 5.3 中的式(5.29a)和式(5.29b)就能够得证。式(5.29c)的证明同定理 5.2。

5.1.4 概率鲁棒性分析

对于如图 5-1 所示的 $\boldsymbol{M}$-$\boldsymbol{\Delta}$ 模型,假设 $\mathcal{B}_D$ 是不确定矩阵 $\boldsymbol{\Delta}$ 的全集,集合 $\mathcal{B}_D(r)$,$r \in (0,1)$ 是 $\mathcal{B}_D$ 的一个子集,定义为

$$\mathcal{B}_D(r) \doteq \{\boldsymbol{\Delta} \in D : \|\boldsymbol{X}\|_{\infty} \leqslant r, 0 < r < 1\} \tag{5.37}$$

集合 $\mathcal{B}_D(r)$ 被称作 r 子集,它的补集 $\mathcal{B}_D^c(r)$ 可定义为

$$\mathcal{B}_D^c(r) \doteq \{\boldsymbol{\Delta} \in D : r < \|\boldsymbol{X}\|_{\infty} \leqslant 1\} \tag{5.38}$$

补集 $\mathcal{B}_D^c(r)$ 也可以表示为

$$\mathcal{B}_D^c(r) = \mathcal{B}_D - \mathcal{B}_D(r) \tag{5.39}$$

定理 5.1 属于确定性鲁棒控制理论,对于 $\boldsymbol{\Delta} \in \mathcal{B}_D$,通过定理 5.1 获得的控制器 K_1 具有 100% 的概率鲁棒性。对于 $\boldsymbol{\Delta} \in \mathcal{B}_D(r)(0 < r < 1)$,通过定理 5.2 获得的控制器 K_r 具有 100% 的概率鲁棒性,但是对于 $\boldsymbol{\Delta} \in \mathcal{B}_D$,控制器 K_r 具有的概率鲁棒性可能小于 100%。

对于 $\boldsymbol{\Delta} \in \mathcal{B}_D(r)(0 < r < 1)$,通过定理 5.2 获得的控制器 K_r 具有 100% 的概率鲁棒性,但是对于 $\boldsymbol{\Delta} \in \mathcal{B}_D^c(r)$,控制器 K_r 具有的概率鲁棒性需要采用合适的方法来估计。

为了估计控制器 K_r 满足 $\boldsymbol{\Delta} \in \mathcal{B}_D$ 时的概率鲁棒性,可测度的性能指标函数定义如下:

$$J(\boldsymbol{\Delta}): D \rightarrow R \tag{5.40}$$

这里可以将控制器 K_r 的性能指标函数定义为

$$J(\boldsymbol{\Delta}) \doteq \| \mathcal{F}_u(\boldsymbol{M}_r, \boldsymbol{\Delta}) \|_\infty \tag{5.41}$$

其中，$\mathcal{F}_u(\boldsymbol{M}_r, \boldsymbol{\Delta})$ 是 $\boldsymbol{M}-\boldsymbol{\Delta}$ 模型的上线性分式变换(LFT)。

假设不确定性 $\boldsymbol{\Delta}$ 被定义为一个随机变量，定义 $f_\Delta(\boldsymbol{\Delta})$ 为 $\boldsymbol{\Delta}$ 的概率密度函数(Probability Density Function，PDF)。控制器 K_r 的概率鲁棒性评估方法如下：

定义 5.1 对于 $\varepsilon \in (0,1), \delta \in (0,1), \gamma > 0$，使用随机算法(Random Algorithm，RA) 以一定概率 $1-\delta$ 返回满足 $J(\boldsymbol{\Delta}) \leqslant \gamma$ 的估计值 $\hat{p}_N$ 的概率为

$$p = \text{Prob}\{\boldsymbol{\Delta} \in D: J(\boldsymbol{\Delta}) \leqslant \gamma\} \tag{5.42}$$

其中，该估计值与 p 相比的精度为 ε，即

$$\text{Prob}\{|p - \hat{p}_N| \leqslant \varepsilon\} \geqslant 1 - \delta \tag{5.43}$$

估计值 $\hat{p}_N$ 由 $\boldsymbol{\Delta}$ 的 N 个样本得出。其中，N 为 Chernoff 边界。

$$N = \frac{1}{2\varepsilon^2} \ln \frac{2}{\delta} \tag{5.44}$$

基于 $f_\Delta(\boldsymbol{\Delta})$ 从集合 $\mathcal{B}_D$ 中抽取 N 个样本 $\Delta^{(1)}, \cdots, \Delta^{(N)}$，采用 Monte Carlo 算法计算 $\hat{p}_N$：

$$\hat{p}_N = \frac{1}{N} \sum_{i=1}^{N} \Pi[J(\Delta^{(i)} \leqslant \gamma)] \tag{5.45}$$

其中，当指标函数为真值时，$\Pi[\cdot]=1$；否则，$\Pi[\cdot]=0$。

给定性能指标 $\gamma > 0$，对于 $\boldsymbol{\Delta} \in \mathcal{B}_D(r)(0 < r < 1)$，通过定理 5.2 获得的控制器 K_r 具有 100% 的概率鲁棒性，仅需估计 $\boldsymbol{\Delta} \in \mathcal{B}_D^c(r)$ 时控制器 K_r 的概率鲁棒性，然后合并起来即可获得 $\boldsymbol{\Delta} \in \mathcal{B}_D$ 时控制器 K_r 的概率鲁棒性。

当 $\boldsymbol{\Delta} \in \mathcal{B}_D^c(r)$ 时，估计 $\hat{p}_N$ 所需要抽取的样本数可以通过下面的定理求得。

定理 5.4 以均匀抽样的方式从集合 $\mathcal{B}_D$ 中抽取 N 个样本 $\Delta^{(1)}, \cdots, \Delta^{(N)}$，其中，从 r 子集 $\mathcal{B}_D(r)$ 和它的补集 $\mathcal{B}_D^c(r)$ 分别抽取的样本数满足

$$\left.\begin{aligned} N_{BD}(r) &\approx p_{BD}(r)N, \quad \forall \boldsymbol{\Delta} \in \mathcal{B}_D(r) \\ N_{B\!D}(r) &\approx p_{B\!D}(r)N, \quad \forall \boldsymbol{\Delta} \in \mathcal{B}_D^c(r) \end{aligned}\right\} \tag{5.46}$$

其中，$N_{BD}(r)$ 表示从 r 子集 $\mathcal{B}_D(r)$ 中抽取的样本数；$N_{B\!D}(r)$ 表示从 r 子集的补集 $\mathcal{B}_D^c(r)$ 中抽取的样本数；$p_{BD}(r)$ 表示 $\boldsymbol{\Delta} \in \mathcal{B}_D(r)$ 的概率，定义为

$$p_{BD}(r) \doteq \text{Prob}\{\boldsymbol{\Delta} \in \mathcal{B}_{D(r)}\} \tag{5.47}$$

$p_{B\!D}(r)$ 表示 $\boldsymbol{\Delta} \in \mathcal{B}_D^c(r)$ 的概率，定义为

$$p_{B\!D}(r) \doteq \text{Prob}\{\boldsymbol{\Delta} \in \mathcal{B}_D^c(r)\} \tag{5.48}$$

根据已知的 $f_\Delta(\boldsymbol{\Delta})$，$p_{BD}(r)$ 的计算公式为

$$p_{BD}(r) = \int_{BD(r)} f_\Delta(\boldsymbol{\Delta}) \mathrm{d}\boldsymbol{\Delta} \tag{5.49}$$

进而，$p_{B\!D}(r)$ 可以通过下式求得：

$$p_{B\!D}(r) = 1 - p_{BD}(r) \tag{5.50}$$

证明 不确定集合 $\mathcal{B}_D$ 可以被分为 r 子集 $\mathcal{B}_D(r)$ 和它的补集 $\mathcal{B}_D^c(r)$，它们之间的关系描述

如下：

$$\mathcal{B}_D = \mathcal{B}_D(r) \cup \mathcal{B}_D^c(r) \tag{5.51}$$

从集合 $\mathcal{B}_D$ 中抽取一个样本 $\boldsymbol{\Delta}^{(i)}$，这个样本可能取自子集 $\mathcal{B}_D(r)$，也可能取自子集 $\mathcal{B}_D^c(r)$。对 $\boldsymbol{\Delta}^{(i)}$ 的采样可以被看作是一次伯努利试验。其中，$\boldsymbol{\Delta}^{(i)}$ 取样于 $\mathcal{B}_D(r)$ 的概率为

$$p_{BD}(r) = \text{Prob}\{\boldsymbol{\Delta} \in \mathcal{B}_{D(r)}\} \tag{5.52}$$

取样于 $\mathcal{B}_D^c(r)$ 的概率为

$$p_{B\bar{D}}(r) = \text{Prob}\{\boldsymbol{\Delta} \in \mathcal{B}_{D(r)}^c\} \tag{5.53}$$

概率 $p_{BD}(r)$ 和 $p_{B\bar{D}}(r)$ 之间的关系可以描述为

$$p_{B\bar{D}}(r) = 1 - p_{BD}(r) \tag{5.54}$$

假设 $\Delta^{(i)}$ 的采样是一次伯努利试验，从集合 $\mathcal{B}_D$ 抽取 N 个独立的样本 $\Delta^{(1)},\cdots,\Delta^{(N)}$ 可以被看作 N 次独立的伯努利试验。

将 Y 定义一个伯努利随机变量，Y 表示在抽取样本 $\boldsymbol{\Delta}^{(i)}$ 时 N 次独立的伯努利试验中有 k 次取自子集 $\mathcal{B}_D(r)$。随机变量 Y 服从二项式分布，即 $Y \sim B(N, p_{BD}(r))$，其分布概率密度函数为

$$p\{Y=k\} = C_N^k p_{BD}(r)^k p_{B\bar{D}}(r)^{N-k} \tag{5.55}$$

其中，$C_N^k = \dfrac{N!}{k!(N-k)!}$ 为二项式系数。

随机变量 Y 的期望为

$$\begin{aligned} E(Y) = &\sum_{i=0}^{N} kC_N^k p_{BD}(r)^k p_{B\bar{D}}(r)^{N-k} = \\ &\sum_{i=1}^{N} kC_N^k p_{BD}(r)^k p_{B\bar{D}}(r)^{N-k} = \\ &\sum_{i=1}^{N} NC_{N-1}^{k-1} p_{BD}(r)^k p_{B\bar{D}}(r)^{N-k} = \\ &Np_{BD}(r)\sum_{i=1}^{N} C_{N-1}^{k-1} p_{BD}(r)^{k-1} p_{B\bar{D}}(r)^{N-k} = \\ &Np_{BD}(r)(p_{BD}(r) + p_{B\bar{D}}(r))^{N-1} = Np_{BD}(r) \end{aligned} \tag{5.56}$$

进而，从集合 $\mathcal{B}_D$ 中抽取 N 个独立的样本 $\boldsymbol{\Delta}^{(1)},\cdots,\boldsymbol{\Delta}^{(N)}$，其中取自 r 子集 $\mathcal{B}_D(r)$ 的抽样数为

$$N_{BD}(r) \approx p_{BD}(r)N \tag{5.57}$$

取自它的补集 $\mathcal{B}_D^c(r)$ 的抽样数为

$$N_{B\bar{D}}(r) \approx p_{B\bar{D}}(r)N \tag{5.58}$$

证毕。

根据定理 5.4 可以推导出下面的引理。

引理 5.1　给定 $r \in (0,1)$ 和性能指标 γ，使用定理 5.3 获得对应于 $\boldsymbol{\Delta} \in \mathcal{B}_D(r)$ 一个鲁棒控制器 K_r，那么，控制器 K_r 对于 $\boldsymbol{\Delta} \in \mathcal{B}_D$ 满足性能指标 γ 的概率为

$$p_{BD}(r,K_r) = p_{BD}(r) + (1 - p_{BD}(r))p_{B\bar{D}}(r,K_r) \tag{5.59}$$

其中，$p_{B\bar{D}}(r,K_r)$ 表示控制器 K_r 对于 $\boldsymbol{\Delta} \in \mathcal{B}_D^c(r)$ 满足性能指标 γ 的概率，定义为

$$p_{B\bar{D}}(r,K_r) \doteq \text{Prob}\{J(\boldsymbol{\Delta}) \leqslant \gamma, \Delta \in \mathcal{B}_D^c(r)\} \tag{5.60}$$

概率 $p_{BD}(r,K_r)$ 的解析值很难求取,这里用其经验概率值 $\hat{p}_{BD}(r,K_r)$ 来近似。控制器 K_r 对于 $\boldsymbol{\Delta}\in\mathcal{B}_D^c(r)$ 满足性能指标 γ 的经验概率可以通过下面的定义来获得。

定义 5.2 对于 $\varepsilon\in(0,1)$,$\delta\in(0,1)$,$\gamma>0$,使用随机算法能够以一定的概率 $1-\delta$ 返回精度为 ε 的 $p_{BD}(r,K_r)$ 的估计值 $\hat{p}_{BD}(r,K_r)$:

$$\mathrm{Prob}\{|p_{BD}(r,K_r)-\hat{p}_{BD}(r,K_r)|\leqslant\varepsilon\}\geqslant 1-\delta \tag{5.61}$$

估计值 $\hat{p}_{BD}(r,K_r)$ 由取自子集 $\mathcal{B}_D^c(r)$ 的 $N_{BD}(r)$ 个样本得到。

估计值 $\hat{p}_{BD}(r,K_r)$ 的获取可以通过下面的算法来实现。

算法 5.1 估计 $\hat{p}_{BD}(r,K_r)$ 的概率。

输入:ε,δ,r,和 γ

输出:$\hat{p}_{BD}(r,K_r)$

S1:计算 $p_{BD}(r)=1-p_{BD}(r)$ 和采样数 $N_{ch}(\varepsilon,\delta)=\left[\dfrac{1}{2\varepsilon^2}\ln\dfrac{2}{\delta}\right]$;

S2:确定采样数 $N=p_{BD}(r)N_{ch}(\varepsilon,\delta)$;

S3:从集合 B_r^C 中抽取 N 个独立的样本 $\Delta^{(1)},\Delta^{(2)},\cdots,\Delta^{(N)}$;

S4:计算经验概率 $\hat{p}_{BD}(r,K_r)=\dfrac{1}{N}\sum\limits_{i=1}^{N}\Pi(J(\Delta^{(i)})\leqslant\gamma)$。

5.1.5 概率鲁棒控制器设计

对于系统式(5.16)而言,范数有界型控制器 K_1 是鲁棒性最好的控制器,但具有很强的保守性。本章通过缩小参数不确定性变量 $\boldsymbol{\Delta}$ 的范数边界设计控制器 K_r,以期降低所设计控制器的保守性。

给定性能指标 $\gamma>0$,设计一个合适的鲁棒控制器 K_r,使其满足 $\hat{p}_{BD}(r,K_r)\geqslant p^*$,$p^*\in(0,1)$ 表示期望概率。更小的 r 意味着所设计的控制器 K_r 具有更小的概率鲁棒性,因此,解算控制器 K_r 是一个多目标优化问题。该问题可以描述如下:

给定 $\varepsilon\in(0,1)$,$\delta\in(0,1)$,以及性能指标 γ,最优化问题可以表示为

$$\varphi(r)=\min_{r\in(0,1)}r \tag{5.62}$$

s.t.

$$|\hat{p}_{BD}(r,K_r)-p^*|\leqslant\varepsilon \tag{5.63}$$

其中,$\varphi(r)$ 表示期望的半径 r。

根据 r 的取值范围可以确定搜索区间为[0,1],故采用二分法对目标函数进行优化。下面给出具体算法。

算法 5.2 解算概率鲁棒控制器 K_r。

输入:ε,δ,p^*,和 γ

输出:K_r

S1：初始化

$$[a_0, b_0] = [0,1],\quad k = 1,\quad r_2 = \frac{a_0 + b_0}{2};$$

令 $r_1 = 1,\quad r = r_2$；

S2：使用定理 5.3 求得 K_r；

S3：估计 $\hat{p}_{B\bar{D}}(r, K_r)$ 的概率；

使用算法 5.1 估计 $\hat{p}_{B\bar{D}}(r, K_r)$ 的概率；

计算概率 $\hat{p}_{BD}(r, K_r) = p_{BD}(r) + (1 - p_{BD}(r))\hat{p}_{B\bar{D}}(r, K_r)$；

S4：终止规则

如果满足 $|\hat{p}_{BD}(r, K_r) - p^*| \leqslant \varepsilon$　或　$|r_{k+1} - r_k| \leqslant \varepsilon$；

那么，返回 K_r，算法结束；

否则，转到 S5；

S5：更新规则

如果满足 $\hat{p}_{BD}(r, K_r) < p^*$；

则有，$a_{k+1} = r_k, b_{k+1} = b_k$；

否则，$a_{k+1} = a_k, b_{k+1} = r_k$；

然后，$k = k + 1, r_{k+1} = \dfrac{a_k + b_k}{2}$，再返回 S2。

下面简要分析算法 5.2 的收敛性。

1）根据二分法的特点，可求得$\dfrac{b_k - a_k}{b_0 - a_0} = \dfrac{1}{2^k} \leqslant \varepsilon$，$\dfrac{1}{2^k}$ 是个收敛的幂级数。

2）对于任意 k，$\nabla\varphi(r) = \nabla(p_r + (1 - p_r)p_r^C) \geqslant \nabla p_r \neq 0$，$\varphi(r)$ 有上界。

算法 5.2 的收敛性和计算复杂度，在文献[129]中有详细说明，这里不再赘述。

5.2　超机动飞机概率鲁棒非线性控制器设计

下面以第 2 章中给出的超机动飞机为被控对象，采用概率鲁棒非线性方法设计其飞行控制律。同前述超机动飞机 12 个状态变量的划分方式一样，将超机动飞机模型划分成快慢变化不同的 4 个子系统，即，快状态子系统 $\boldsymbol{x}_3 = [p \quad q \quad r]^{\mathrm{T}}$、慢状态子系统 $\boldsymbol{x}_2 = [\alpha \quad \beta \quad \mu]^{\mathrm{T}}$，极慢状态子系统 $\boldsymbol{x}_1 = [V \quad \gamma \quad \chi]^{\mathrm{T}}$，以及最慢状态子系统 $\boldsymbol{x}_0 = [x \quad y \quad h]^{\mathrm{T}}$。下面主要针对快状态变量和慢状态变量分别进行设计。

5.2.1 超机动飞机快状态回路概率鲁棒非线性控制律设计

假设超机动飞机快状态子系统非线性动态逆环节是一个只使用比例控制器的闭合回路，如图 5-2 所示。

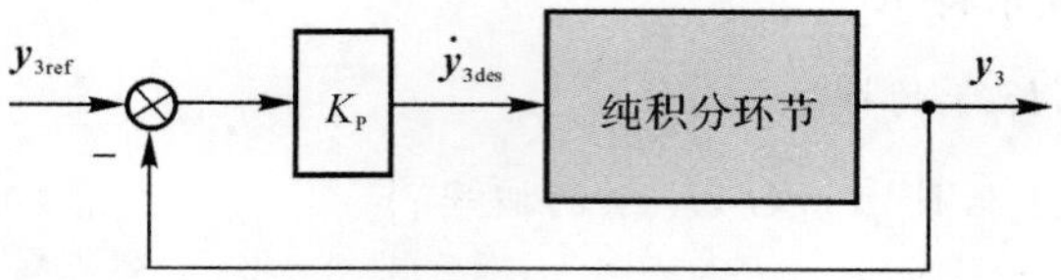

图 5-2 快状态子系统非线性动态逆结构图

在理想情况下，快状态变量 p,q,r 的期望动态特性能够写成

$$\begin{bmatrix}\dot{p}_{\text{des}}\\ \dot{q}_{\text{des}}\\ \dot{r}_{\text{des}}\end{bmatrix}=\begin{bmatrix}-\omega_p & 0 & 0\\ 0 & -\omega_q & 0\\ 0 & 0 & -\omega_r\end{bmatrix}\begin{bmatrix}p\\ q\\ r\end{bmatrix}+\begin{bmatrix}\omega_p & 0 & 0\\ 0 & \omega_q & 0\\ 0 & 0 & \omega_r\end{bmatrix}\begin{bmatrix}p_c\\ q_c\\ r_c\end{bmatrix}\tag{5.64}$$

根据第 4 章中对超机动飞机模型中各个气动导数的不确定性分析可知，含不确定性的快状态回路的表达式为

$$\begin{bmatrix}\dot{p}\\ \dot{q}\\ \dot{r}\end{bmatrix}=\begin{bmatrix}\hat{L}_p & 0 & \hat{L}_r\\ 0 & \hat{M}_q & 0\\ \hat{N}_p & 0 & \hat{N}_r\end{bmatrix}\begin{bmatrix}p\\ q\\ r\end{bmatrix}+\begin{bmatrix}\dot{p}_{\text{des}}\\ \dot{q}_{\text{des}}\\ \dot{r}_d\end{bmatrix}\tag{5.65}$$

合并式(5.64) 和式(5.65)，可以得到

$$\begin{bmatrix}\dot{p}\\ \dot{q}\\ \dot{r}\end{bmatrix}=\begin{bmatrix}\hat{L}_p-\omega_p & 0 & \hat{L}_r\\ 0 & \hat{M}_q-\omega_q & 0\\ \hat{N}_p & 0 & \hat{N}_r-\omega_r\end{bmatrix}\begin{bmatrix}p\\ q\\ r\end{bmatrix}+\begin{bmatrix}\omega_p & 0 & 0\\ 0 & \omega_q & 0\\ 0 & 0 & \omega_r\end{bmatrix}\begin{bmatrix}p_c\\ q_c\\ r_c\end{bmatrix}\tag{5.66}$$

将式(5.66) 改写为

$$\left.\begin{aligned}\dot{\boldsymbol{x}}&=\boldsymbol{A}(\boldsymbol{\varphi})\boldsymbol{x}+\boldsymbol{B}(\boldsymbol{\varphi})\boldsymbol{u}\\ \boldsymbol{y}&=\boldsymbol{C}\boldsymbol{x}\end{aligned}\right\}\tag{5.67}$$

其中，$\boldsymbol{x}=[p\quad q\quad r]^{\mathrm{T}}$ 为状态向量；$\boldsymbol{u}=[p_c\quad q_c\quad r_c]^{\mathrm{T}}$ 为输入向量；$\boldsymbol{y}=[p\quad q\quad r]^{\mathrm{T}}$ 为输出向量，系统的参数矩阵为

$$\boldsymbol{A}(\boldsymbol{\varphi})=\begin{bmatrix}\varphi_1 & 0 & \varphi_2\\ 0 & \varphi_3 & 0\\ \varphi_4 & 0 & \varphi_5\end{bmatrix},\quad \boldsymbol{B}(\boldsymbol{\varphi})=\begin{bmatrix}\omega_p & 0 & 0\\ 0 & \omega_q & 0\\ 0 & 0 & \omega_r\end{bmatrix},\quad \boldsymbol{C}=\boldsymbol{I}_{3\times3}$$

不确定参数向量可表示为

$$\boldsymbol{\varphi}=[\varphi_1\quad\cdots\quad\varphi_{n_u}]^{\mathrm{T}}\in\mathbf{R}^{n_u}\ (n_u=5)$$

其中，各个参数 $\{\varphi_i\}_{i=1}^{nu}$ 的表达式为

$$\varphi_1=\frac{\bar{q}Sb^2(\Delta C_{lp}I_{zz}+\Delta C_{np}I_{xz})}{2V(I_{xx}I_{zz}-I_{xz}^2)}-\omega_p\tag{5.68}$$

$$\varphi_2 = \frac{\bar{q}Sb^2(\Delta C_{lr}I_{zz} + \Delta C_{nr}I_{xz})}{2V(I_{xx}I_{zz} - I_{xz}^2)} \tag{5.69}$$

$$\varphi_3 = \frac{\bar{q}S\bar{c}^2 \Delta C_{mq}}{2VI_{yy}} - \omega_q \tag{5.70}$$

$$\varphi_4 = \frac{\bar{q}Sb^2(\Delta C_{lp}I_{xz} + \Delta C_{np}I_{xx})}{2V(I_{xx}I_{zz} - I_{xz}^2)} \tag{5.71}$$

$$\varphi_5 = \frac{\bar{q}Sb^2(\Delta C_{lr}I_{xz} + \Delta C_{nr}I_{xx})}{2V(I_{xx}I_{zz} - I_{xz}^2)} - \omega_r \tag{5.72}$$

假设向量 $\tilde{\boldsymbol{\varphi}} = [\tilde{\varphi}_1 \quad \cdots \quad \tilde{\varphi}_{n_u}]^{\mathrm{T}} \in \mathbf{R}^{n_u}$ 是不确定向量 $\boldsymbol{\varphi}$ 的标称值向量,并假设向量 $\boldsymbol{\varphi}$ 的最大摄动值向量为 $\bar{\boldsymbol{\varphi}} = [\bar{\varphi}_1 \quad \cdots \quad \bar{\varphi}_{n_u}]^{\mathrm{T}} \in \mathbf{R}^{n_u}$。

下面给出最大摄动值向量 $\bar{\boldsymbol{\varphi}}$ 的估算过程。

首先假设不确定参数 $\{\varphi_i\}_{i=1}^{n_u}$ 在配平点 $(x_{\text{nom}}, u_{\text{nom}})$ 的联合密度函数为

$$f_i(\boldsymbol{\Omega}, t) = \varphi_i(\boldsymbol{\Omega}, \boldsymbol{x}_{\text{nom}}, \boldsymbol{u}_{\text{nom}}, t), \quad \forall i \in \{1, \cdots, n_u\} \tag{5.73}$$

其中,$\boldsymbol{\Omega} \in \mathbf{R}^{n_u}$ 是一个向量,表示为 $\{\Omega_i\}_{i=1}^{n_u}$ ($n_p = 10$),具体包括气动导数不确定性 ΔC_{lp},ΔC_{np},ΔC_{mq},ΔC_{lr},ΔC_{nr} 以及空速 V 和转动惯量 I_{yy},I_{xx},I_{xz},I_{zz}。

与联合密度函数 $\{f_i(\boldsymbol{\Omega}, t)\}_{i=1}^{n_u}$ 相关的不确定性传导过程通常由随机 Liouville 方程给出:

$$\frac{\partial f_i}{\partial t} = -\sum_{i=1}^{n_p} \frac{\partial f_i}{\partial \boldsymbol{\Omega}_i} \tag{5.74}$$

进而,不确定最大摄动值 $\{f_i(\boldsymbol{\Omega}, t)\}_{i=1}^{n_u}$ 可以表示为

$$\Delta \partial f_i = \sum_{i=1}^{n_p} \left| \frac{\partial f_i}{\partial \boldsymbol{\Omega}_i} \Delta \boldsymbol{\Omega}_i \right| \tag{5.75}$$

根据式(5.75)求得最大摄动向量 $\bar{\boldsymbol{\varphi}}$ 后,不确定向量 $\boldsymbol{\varphi}$ 可以表示为

$$\boldsymbol{\varphi} = \tilde{\boldsymbol{\varphi}} + \bar{\boldsymbol{\varphi}} \circ \boldsymbol{\xi} \tag{5.76}$$

其中,$\boldsymbol{\xi} = [\xi_1 \quad \cdots \quad \xi_{n_u}] \in \mathbf{R}^{n_u}$ 为经过归一化处理的不确定参数向量,且满足 $\|\boldsymbol{\xi}\|_\infty \leqslant 1$。

注:符号"$\circ$"表示矩阵的 Hadamard 乘积。

将 $\boldsymbol{\xi}$ 看作一个随机变量,它的 ℓ_p 范数球可定义为

$$\mathcal{B}_{\|\cdot\|_\infty}(1) \doteq \{\boldsymbol{\xi} \in \mathbf{R}^{n_u} : \|\boldsymbol{\xi}\|_\infty \leqslant 1\} \tag{5.77}$$

其边界可定义为

$$\partial \mathcal{B}_{\|\cdot\|_\infty}(1) \doteq \{\boldsymbol{\xi} \in \mathbf{R}^{n_u} : \|\boldsymbol{\xi}\|_\infty = 1\} \tag{5.78}$$

假设随机变量 $\{\xi_i\}_{i=1}^{n_u}$ 服从均匀分布,即 $\{\xi_i \sim U(-1, 1)\}_{i=1}^{n_u}$,采用算法 5.2 可求得快状态回路的概率鲁棒控制器。

5.2.2　超机动飞机慢状态回路概率鲁棒非线性控制律设计

假设超机动飞机慢状态子系统的非线性动态逆环节是一个只使用比例控制器的闭合回路,如图 5-3 所示。

在理想情况下,慢状态变量 α, β, μ 的期望动态特性能够写成

$$\begin{bmatrix}\dot{\alpha}_{\mathrm{des}}\\ \dot{\beta}_{\mathrm{des}}\\ \dot{\mu}_{\mathrm{des}}\end{bmatrix}=\begin{bmatrix}-\omega_{\alpha} & 0 & 0\\ 0 & -\omega_{\beta} & 0\\ 0 & 0 & -\omega_{\mu}\end{bmatrix}\begin{bmatrix}\alpha\\ \beta\\ \mu\end{bmatrix}+\begin{bmatrix}\omega_{\alpha} & 0 & 0\\ 0 & \omega_{\beta} & 0\\ 0 & 0 & \omega_{\mu}\end{bmatrix}\begin{bmatrix}\alpha_{c}\\ \beta_{c}\\ \mu_{c}\end{bmatrix} \tag{5.79}$$

根据第 4 章中对超机动飞机模型中各个气动导数的不确定性分析可知，含不确定性的慢状态回路的表达式为

$$\begin{bmatrix}\dot{\alpha}\\ \dot{\beta}\\ \dot{\mu}\end{bmatrix}=\Delta\boldsymbol{A}\begin{bmatrix}\alpha\\ \beta\\ \mu\end{bmatrix}+\begin{bmatrix}\dot{\alpha}_{\mathrm{des}}\\ \dot{\beta}_{\mathrm{des}}\\ \dot{\mu}_{\mathrm{des}}\end{bmatrix} \tag{5.80}$$

其中

$$\Delta\boldsymbol{A}=\begin{bmatrix}\Delta C_{L\alpha}\dfrac{-\bar{q}S}{MV\cos\beta} & 0 & 0\\ 0 & \Delta C_{Y\beta}\dfrac{\bar{q}S\cos\beta}{MV} & 0\\ \Delta C_{L\alpha}\dfrac{\bar{q}S(\tan\gamma\sin\mu+\tan\beta)}{MV} & \Delta C_{Y\beta}\dfrac{\bar{q}S\tan\gamma\cos\mu\cos\beta}{MV} & 0\end{bmatrix}$$

合并式(5.79) 和式(5.80)，可以得到

$$\begin{bmatrix}\dot{\alpha}\\ \dot{\beta}\\ \dot{\mu}\end{bmatrix}=\begin{bmatrix}\varphi_{1} & 0 & 0\\ 0 & \varphi_{2} & 0\\ \varphi_{3} & \varphi_{4} & -\omega_{\mu}\end{bmatrix}\begin{bmatrix}\alpha\\ \beta\\ \mu\end{bmatrix}+\begin{bmatrix}\omega_{\alpha} & 0 & 0\\ 0 & \omega_{\beta} & 0\\ 0 & 0 & \omega_{\mu}\end{bmatrix}\begin{bmatrix}\alpha_{c}\\ \beta_{c}\\ \mu_{c}\end{bmatrix} \tag{5.81}$$

式(5.81) 可改写为

$$\left.\begin{aligned}\dot{\boldsymbol{x}}&=\boldsymbol{A}(\boldsymbol{\varphi})\boldsymbol{x}+\boldsymbol{B}\boldsymbol{u}\\ \boldsymbol{y}&=\boldsymbol{C}\boldsymbol{x}\end{aligned}\right\} \tag{5.82}$$

其中，$\boldsymbol{x}=[\alpha\quad\beta\quad\mu]$ 为状态向量；$\boldsymbol{u}=[\alpha_{c}\quad\beta_{c}\quad\mu_{c}]$ 为输入向量；$\boldsymbol{y}=\boldsymbol{x}$ 为输出向量，系统的参数矩阵为

$$\boldsymbol{A}(\boldsymbol{\varphi})=\begin{bmatrix}\varphi_{1} & 0 & 0\\ 0 & \varphi_{2} & 0\\ \varphi_{3} & \varphi_{4} & -\omega_{\mu}\end{bmatrix},\quad \boldsymbol{B}=\begin{bmatrix}\omega_{\alpha} & 0 & 0\\ 0 & \omega_{\beta} & 0\\ 0 & 0 & \omega_{\mu}\end{bmatrix},\quad \boldsymbol{C}=\boldsymbol{I}_{3\times 3}$$

不确定参数向量可表示为

$$\boldsymbol{\varphi}=[\varphi_{1}\quad\cdots\quad\varphi_{n_u}]^{\mathrm{T}}\in\mathbf{R}^{n_u}\ (n_u=4)$$

其中，各个参数 $\{\varphi_i\}_{i=1}^{n_u}$ 的表达式为

$$\varphi_{1}=\Delta C_{L\alpha}\frac{-\bar{q}S}{MV\cos\beta}-\omega_{\alpha} \tag{5.83}$$

$$\varphi_{2}=\Delta C_{Y\beta}\frac{\bar{q}S\cos\beta}{MV}-\omega_{\beta} \tag{5.84}$$

$$\varphi_{3}=\Delta C_{L\alpha}\frac{\bar{q}S(\tan\gamma\sin\mu+\tan\beta)}{MV} \tag{5.85}$$

$$\varphi_{4}=\Delta C_{Y\beta}\frac{\bar{q}S\tan\gamma\cos\mu\cos\beta}{MV} \tag{5.86}$$

假设向量 $\tilde{\boldsymbol{\varphi}}=[\tilde{\varphi}_1 \quad \cdots \quad \tilde{\varphi}_{n_u}]^{\mathrm{T}} \in \mathbf{R}^{n_u}$ 是不确定向量 $\boldsymbol{\varphi}$ 的标称值向量，并假设向量 $\boldsymbol{\varphi}$ 的最大摄动值向量为 $\bar{\boldsymbol{\varphi}}=[\bar{\varphi}_1 \quad \cdots \quad \bar{\varphi}_{n_u}]^{\mathrm{T}} \in \mathbf{R}^{n_u}$。

假设不确定参数 $\{\varphi_i\}_{i=1}^{nu}$ 在配平点 $(x_{\mathrm{nom}}, u_{\mathrm{nom}})$ 的联合密度函数为

$$f_i(\boldsymbol{\Omega},t)=\varphi_i(\boldsymbol{\Omega},x_{\mathrm{nom}},u_{\mathrm{nom}},t), \quad \forall i \in \{1,\cdots,n_u\} \tag{5.87}$$

其中，$\boldsymbol{\Omega} \in \mathbf{R}^{n_u}$ 是一个向量，表示为 $\{\boldsymbol{\Omega}_i\}_{i=1}^{nu}(n_p=10)$，具体包括气动导数不确定性 $\Delta C_{L\alpha}$，$\Delta C_{Y\beta}$，ΔC_{nr} 以及空速 V 和 γ 等变量。

根据式(5.78)求得最大摄动向量 $\bar{\boldsymbol{\varphi}}$ 后，不确定向量 $\boldsymbol{\varphi}$ 可以表达为

$$\boldsymbol{\varphi}=\tilde{\boldsymbol{\varphi}}+\tilde{\boldsymbol{\varphi}}\circ\boldsymbol{\xi} \tag{5.88}$$

其中，$\boldsymbol{\xi}=[\xi_1 \quad \cdots \quad \xi_{n_u}] \in \mathbf{R}^{n_u}$ 为经过归一化处理的不确定参数向量，且满足 $\|\boldsymbol{\xi}\|_\infty \leqslant 1$。

将 $\boldsymbol{\xi}$ 看作一个随机变量，它的 ℓ_p 范数球定义为

$$\mathcal{B}_{\|\cdot\|_\infty}(1) \doteq \{\boldsymbol{\xi} \in \mathbf{R}^{n_u}: \|\boldsymbol{\xi}\|_\infty \leqslant 1\} \tag{5.89}$$

其边界定义为

$$\partial\mathcal{B}_{\|\cdot\|_\infty}(1) \doteq \{\boldsymbol{\xi} \in \mathbf{R}^{n_u}: \|\boldsymbol{\xi}\|_\infty = 1\} \tag{5.90}$$

假设随机变量 $\{\boldsymbol{\xi}_i\}_{i=1}^{nu}$ 服从均匀分布，即 $\{\xi_i \sim U(-1,1)\}_{i=1}^{nu}$，采用算法 5.2 可求得慢状态回路的概率鲁棒控制器。

5.3 概率鲁棒非线性控制器的仿真验证与分析

5.2 节分别完成了超机动飞机快状态回路和慢状态回路的概率鲁棒非线性控制器设计。为了检验存在气动导数摄动时，各个控制器的鲁棒性能，下面分别设计非线性动态逆控制器和概率鲁棒非线性控制器，通过完成 Herbst 机动进行仿真验证。初始条件为 $h=1$ km，$V=100$ m/s。令 β_c 始终保持为 0。根据飞机方程式(2.1)～式(2.12)，通过在三维空间最小转弯时间算法优化，得到输入指令 α_c 和 μ_c。

分别采用非线性动态逆控制器和概率鲁棒非线性控制器跟踪输入指令 α_c，β_c，μ_c，仿真结果如图 5-4～图 5-8 所示。图 5-4～图 5-8 中实线表示的是采用非线性动态逆控制器得到的输出量，点画线表示的是采用概率鲁棒非线性控制器得到的输出量。从仿真结果可以看出，采用概率鲁棒非线性控制器进行 Herbst 机动，具有较好的机动效果。尽管采用非线性动态逆控制器也能完成 Herbst 机动，但效果较差，而且在飞机转弯后不能对迎角指令 α_c 进行有效跟踪。

5.4 小　　结

本章研究了一种适用于模型参数不确定系统的概率鲁棒非线性控制理论，给出了结合 LMI 方法和随机算法的概率鲁棒非线性控制器设计方法。在此基础上，针对非线性动态逆控制难以保证系统鲁棒性能的缺点，设计了概率鲁棒非线性控制器，通过降低对被控系统鲁棒性的要求，来减弱系统内部参数摄动对系统控制效果的影响。

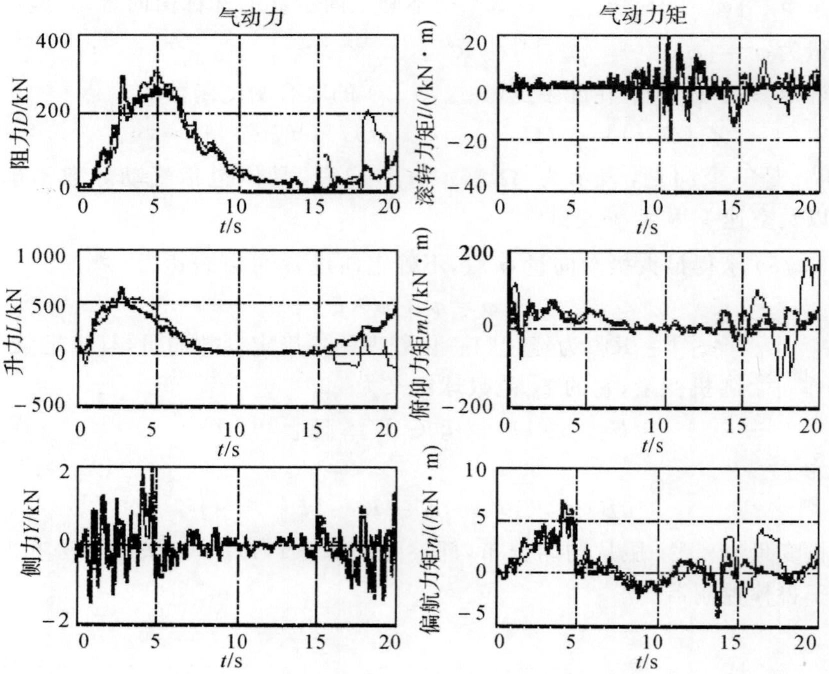

图 5-4　完成 Herbst 机动时，气动力和气动力矩变化示意图

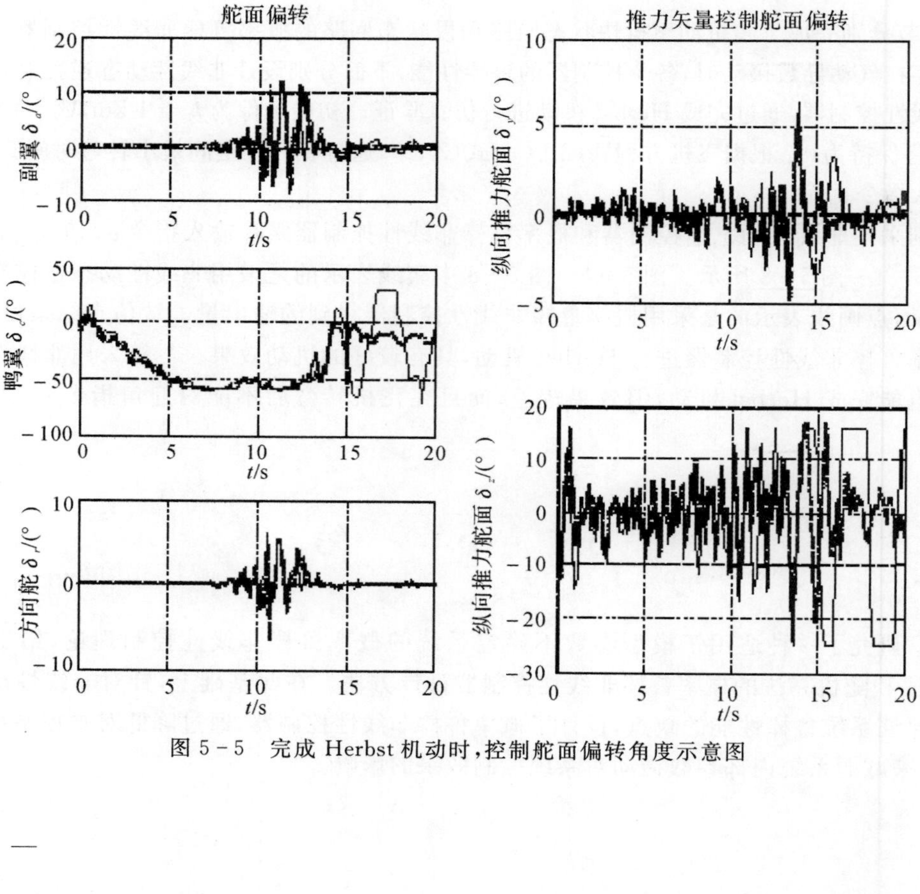

图 5-5　完成 Herbst 机动时，控制舵面偏转角度示意图

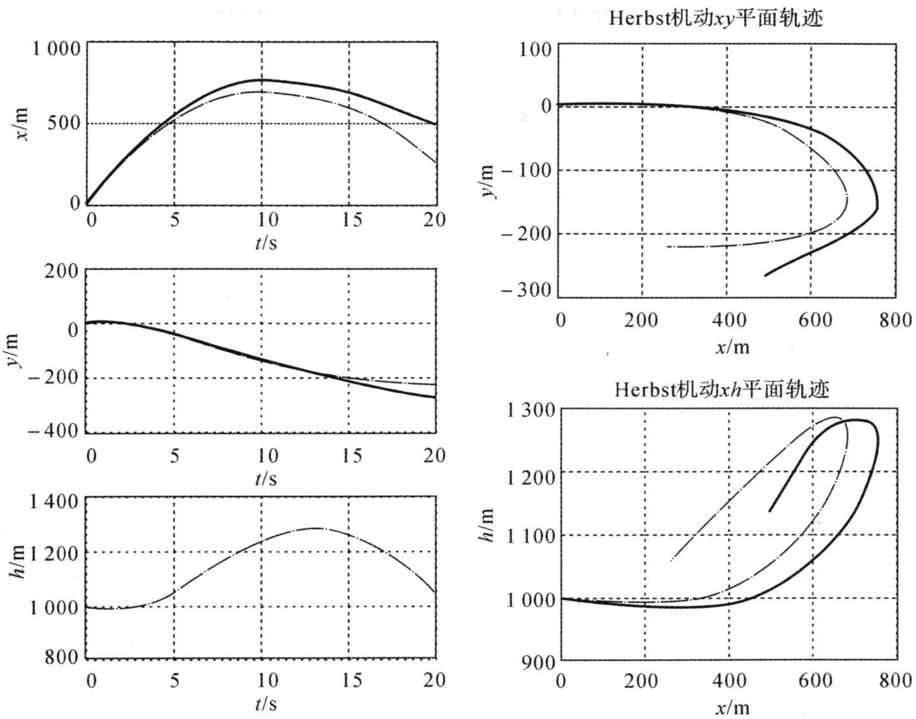

图 5-6　完成 Herbst 机动时，飞机平面运动轨迹示意图

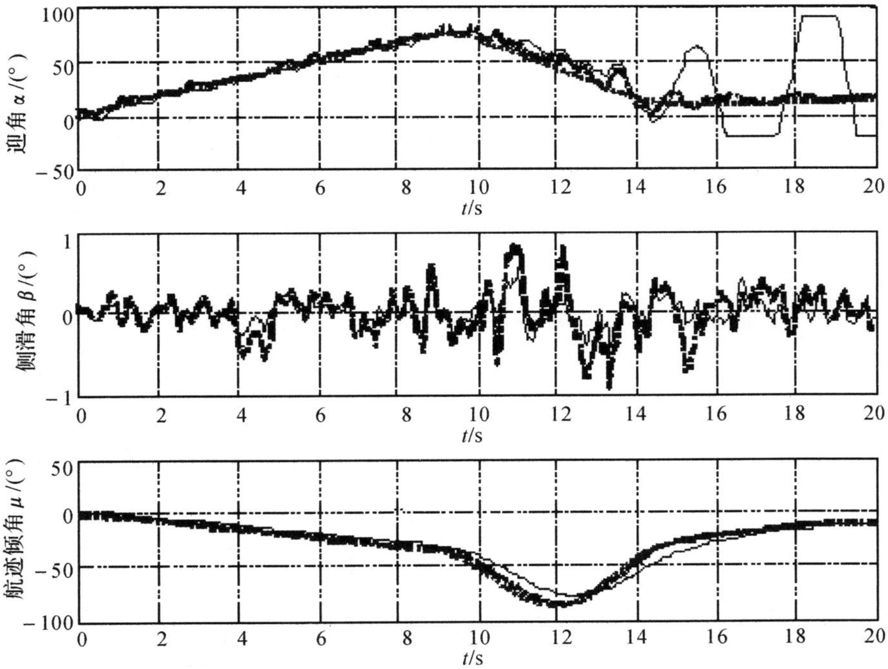

图 5-7　完成 Herbst 机动时，α，β，μ 变化曲线示意图

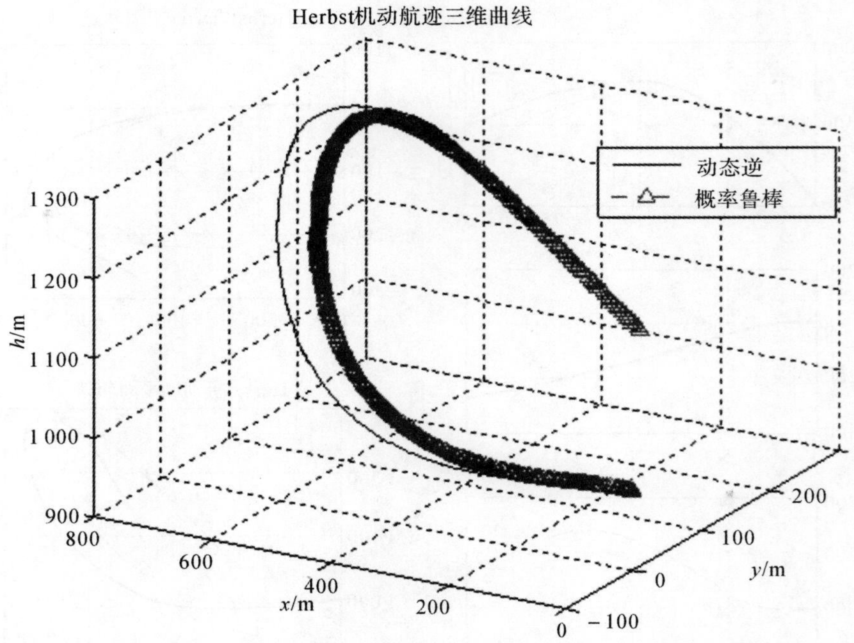

图 5-8　完成 Herbst 机动时，飞机三维空间运动轨迹示意图

第 6 章　神经网络自适应逆控制方法

使用非线性动态逆控制方法设计超机动飞机控制器时，由于模型不确定性、控制失效和环境扰动等因素的影响，很难获得完美的动态逆模型，而又期望获得类似于完美动态逆模型一样的控制效果。也就是说，实际获得的动态逆模型和期望的动态逆模型不匹配。将自适应控制与非线性动态逆相结合，可以尽可能地解决实际模型和理想模型之间的不匹配问题。自适应单元可以起到补偿模型误差的作用，从而降低非线性动态逆方法对模型精确性的依赖。本章给出了一种基于在线神经网络的自适应逆控制方法，利用神经网络能够以任意理想精度逼近平滑非线性函数的能力，对控制系统的逆误差进行在线补偿。

6.1　自适应逆控制

6.1.1　自适应逆控制研究现状

自适应逆控制是由美国斯坦福大学的 B.Widrow[136] 教授于 1986 年第一次提出的，是由自适应控制和自适应信号处理融合而成的新学科，为控制系统设计开辟了新的途径。自适应逆控制的基本思想是用自适应滤波方法或神经网络辨识出被控对象的逆模型，串联到被控对象的输入端作为控制器来控制对象的动态特性，该控制器是自适应的，并将其调节到使对象及其控制器的总体动态响应达到最优。

自适应逆控制与传统反馈控制和自适应控制在原理上截然不同。传统的反馈控制方法是将检测到的对象输出反馈到输入端与期望响应（例如指定的速度）进行比较，通过得到的误差来调整控制器。由于对象输出不可避免地存在扰动，对象扰动和对象输出就混合在一起反馈到系统输入端，这样反馈值与期望响应比较后得到的误差包括两个部分：对象扰动和被控对象输出与期望响应的偏差。误差经控制器放大和滤波后驱动被控对象，使对象的输出跟随期望响应以及抵消外部干扰，这时控制器既要放大反馈扰动信号使它与对象输出扰动相抵消，又要将误差信号中输出与期望响应的偏差放大去调节对象输出，使对象输出跟随上期望响应，这就产生了矛盾，因此两者中间只能折中地选择参数，显然控制器的调节性受到了影响。

自适应逆控制采用被控对象传递函数的逆作为串联控制器来对系统的动态特性做开环控制，反馈仅在自适应过程本身采用，从而避免了因为反馈而引起的不稳定问题。自适应逆控制将动态特性的控制和消除扰动的控制各自独立完成，从而提高了系统的动态性能，并且成功地抑制了扰动。自适应逆控制采用反馈不是为了控制系统中的信号流动，而是用于调节控制系统中的可变参数，使得对象的输出跟随指令输入，也可以跟踪一个经过延迟或平滑的指令输入。自适应逆控制的优越性还表现在对被控对象只需要较少的先验知识，通过一定的自适应算法,便可以“学习”和“掌握”对象,进而给出对象逆模型来进行控制。用这种方式处理问题,各个自适应子系统相对比较简单,且容易分析和优化。

目前,线性自适应逆控制理论已经较为成熟,并且有了一些实际的应用。如斯坦福线性加速器中心构建了一个用于电子束控制的自适应噪声消除系统。然而对自适应逆控制非线性方法的研究还处于起始阶段,有大量的工作要做。非线性系统与线性系统之间存在很大的差别,主要原因是非线性系统不具备线性单输入单输出系统的补偿特性。此外,非线性系统通常不是一一对应的函数,严格地说,非线性系统并没有逆。

然而从原理上讲,作为逆控制方法基础的可逆性概念并不局限于系统方程的特定形式,而具有普遍的研究意义。逆控制方法可以直接以一般形式的非线性系统作为考察的范围,并建立设计理论。这说明逆控制方法是一种基于对非线性系统的某种本性认识之上的、具有一般性和普遍性的设计方法。其次,由于逆控制引用系统逆的概念设计控制器,因而显得更加直接、直观和易于理解。

Widrow 和 Plett 对非线性自适应逆控制做了详细的分析[137],并对基于线性和非线性自适应滤波器的自适应逆控制进行了深入的论述和比较[138]。针对不同的非线性系统,解决的问题和采用的方法将有所不同。当研究对象在小幅度范围内工作时,系统可以看作是线性的,但是当振幅变大时会产生非线性的扰动输出。文献[139]进一步研究了带有外部干扰的非线性不确定系统的自适应逆控制问题,基于 Lyapunov 理论,证明了自适应逆控制算法的最优性和鲁棒性能。文献[140]提出了非线性自适应逆控制的两种方法:①扩展多项式方法;②神经网络方法。目前研究的方向也是集中在这两个方面。

6.1.2 自适应逆控制基本原理

图 6-1 给出了一个基本的自适应逆控制器[136]。

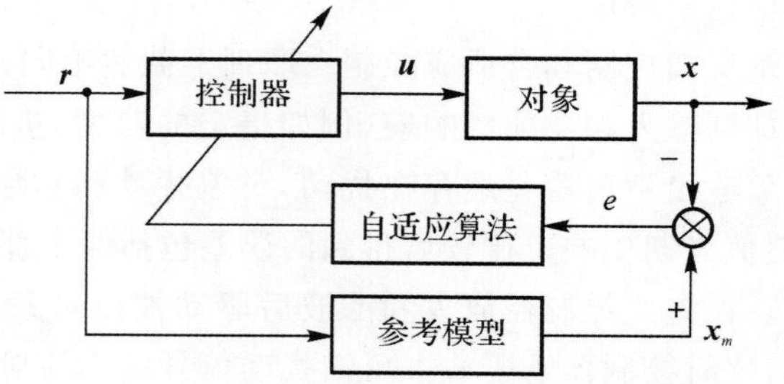

图 6-1 自适应逆控制器设计基本原理图

如图 6-1 所示,参考模型选择的目的是要实现控制系统所要求的性能指标。控制器为被控对象传递函数的逆,可以看作是一个有输入输出的线性滤波器。这个滤波器具有可供调节的参数,是由误差信号驱动的自适应算法来进行调节的,以使均方误差达到最小。在这种情况下,控制器和对象的级联在收敛后将得到一个具有参考模型特性的动态响应。

完美的非线性动态逆模型是一个线性模型,假定超机动飞机的各个状态变量都可以被直接测量到,设控制对象的状态方程为

$$\dot{\boldsymbol{X}}_p=\boldsymbol{A}_p(t)\boldsymbol{X}_p+\boldsymbol{B}_p\boldsymbol{u}(t) \tag{6.1}$$

其中，$\boldsymbol{X}_p$ 为n维状态向量；$\boldsymbol{u}$ 为m维控制向量；$\boldsymbol{A}_p$ 为$n\times n$阶矩阵；$\boldsymbol{B}_p$ 为$n\times m$阶矩阵。一般情况下，控制对象的状态矩阵 $\boldsymbol{A}_p$ 和控制矩阵 $\boldsymbol{B}_p$ 是不便于直接进行调整的。如要改变控制对象的动态特性，只能用前馈控制和反馈控制，如图 6-2 所示。

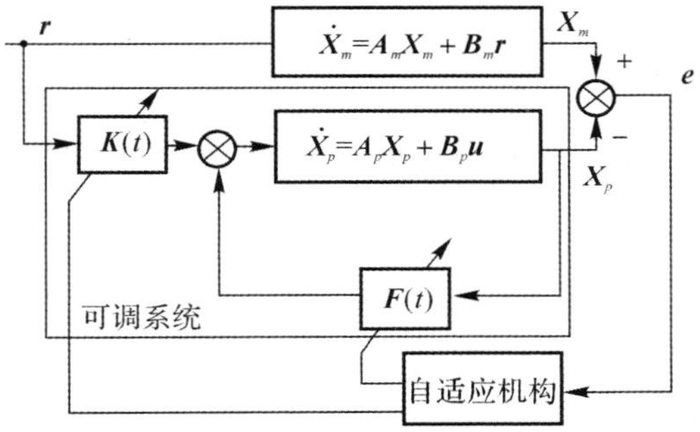

图 6-2　状态变量构成自适应控制规律示意图

控制信号由前馈信号 $\boldsymbol{K}(t)\boldsymbol{r}$ 和反馈信号 $\boldsymbol{F}(t)\boldsymbol{X}_p$ 构成，即

$$\boldsymbol{u}(t)=\boldsymbol{K}(t)\boldsymbol{r}+\boldsymbol{F}(t)\boldsymbol{X}_p \tag{6.2}$$

其中，$\boldsymbol{K}(t)$ 为 $m\times m$ 阶矩阵；$\boldsymbol{F}(t)$ 为 $m\times n$ 阶矩阵。将式(6.2) 代入式(6.1) 中，可得

$$\begin{aligned}\dot{\boldsymbol{X}}_p&=\boldsymbol{A}_p(t)\boldsymbol{X}_p+\boldsymbol{B}_p(t)[\boldsymbol{K}(t)\boldsymbol{r}+\boldsymbol{F}(t)\boldsymbol{X}_p]=\\&[\boldsymbol{A}_p(t)+\boldsymbol{B}_p(t)\boldsymbol{F}(t)]\boldsymbol{X}_p+\boldsymbol{B}_p\boldsymbol{K}(t)\boldsymbol{r}\end{aligned} \tag{6.3}$$

式(6.3) 称为可调系统，矩阵 $\boldsymbol{A}_p$ 和 $\boldsymbol{B}_p(t)$ 为由时变参数为元素组成的矩阵，各个时变参数随系统的工作环境和受干扰情况的变化而改变，因此不能对 $\boldsymbol{A}_p(t)$ 和 $\boldsymbol{B}_p(t)$ 直接进行调整。

选定参考模型的状态方程为

$$\dot{\boldsymbol{X}}_m=\boldsymbol{A}_m(t)\boldsymbol{X}_m+\boldsymbol{B}_m\boldsymbol{r} \tag{6.4}$$

参考模型与被控对象同维数，$\boldsymbol{X}_m$ 为n维状态向量，$\boldsymbol{r}$ 为m维输入向量，$\boldsymbol{A}_m$ 为$n\times n$阶矩阵，$\boldsymbol{B}_m$ 为 $n\times m$ 阶矩阵，$\boldsymbol{A}_m$ 和 $\boldsymbol{B}_m$ 均为常数矩阵。

为了使被控对象的动态特性与参考模型的动态特性一致，可以按照自适应要求，调整前馈增益矩阵 $\boldsymbol{K}(t)$ 和反馈增益矩阵 $\boldsymbol{F}(t)$，使自适应闭环回路的特性接近参考模型的特性。

设系统的广义状态误差向量为

$$\boldsymbol{e}=\boldsymbol{X}_m-\boldsymbol{X}_p \tag{6.5}$$

由式(6.4) 和式(6.5) 可得

$$\dot{\boldsymbol{e}}=\boldsymbol{A}_m\boldsymbol{e}+(\boldsymbol{A}_m-\boldsymbol{A}_p-\boldsymbol{B}_p\boldsymbol{F})\boldsymbol{X}+(\boldsymbol{B}_m-\boldsymbol{B}_p\boldsymbol{K})\boldsymbol{r} \tag{6.6}$$

在理想情况下，式(6.6) 右边后两项应等于零，设 $\boldsymbol{F}$ 和 $\boldsymbol{K}$ 的理想值分别为 $\bar{\boldsymbol{F}}$ 和 $\bar{\boldsymbol{K}}$，当 $\boldsymbol{F}=\bar{\boldsymbol{F}}$，且 $|\boldsymbol{K}|\neq 0$ 时，有

$$\boldsymbol{A}_p+\boldsymbol{B}_p\bar{\boldsymbol{F}}=\boldsymbol{A}_m,\quad \boldsymbol{B}_p\bar{\boldsymbol{K}}=\boldsymbol{B}_m,\quad \boldsymbol{B}_p=\boldsymbol{B}_m\bar{\boldsymbol{K}}^{-1} \tag{6.7}$$

$$\boldsymbol{A}_m-\boldsymbol{A}_p=\boldsymbol{B}_p\bar{\boldsymbol{F}}$$

式(6.7) 可写成

$$\dot{\boldsymbol{e}}=\boldsymbol{A}_m\boldsymbol{e}+\boldsymbol{B}_m\bar{\boldsymbol{K}}^{-1}(\bar{\boldsymbol{F}}-\boldsymbol{F})\boldsymbol{X}_p+\boldsymbol{B}_m\bar{\boldsymbol{K}}^{-1}(\bar{\boldsymbol{K}}-\boldsymbol{K})\boldsymbol{r}$$

$$\dot{\boldsymbol{e}}=\boldsymbol{A}_m\boldsymbol{e}+\boldsymbol{B}_m\bar{\boldsymbol{K}}^{-1}\boldsymbol{\Phi}\boldsymbol{X}_p+\boldsymbol{B}_m\bar{\boldsymbol{K}}^{-1}\boldsymbol{\Psi}\boldsymbol{r} \tag{6.8}$$

其中，$\boldsymbol{\phi}=\bar{\boldsymbol{F}}-\boldsymbol{F}$ 为 $m\times n$ 阶矩阵；$\boldsymbol{\psi}=\bar{\boldsymbol{K}}-\boldsymbol{K}$ 为 $m\times m$ 阶矩阵；$\boldsymbol{\Phi}$ 和 $\boldsymbol{\Psi}$ 称为可调参数误差。

以广义误差向量 $\boldsymbol{e}$，可调参数误差 $\boldsymbol{\Phi}$ 和 $\boldsymbol{\Psi}$ 组成增广状态空间($\boldsymbol{e}\in\mathbf{R},\boldsymbol{\Phi}\in\mathbf{R}^{m\times n},\boldsymbol{\Psi}\in\mathbf{R}^{m\times m}$)，在增广状态空间定义一个 Lyapunov 函数：

$$\boldsymbol{V}=\frac{1}{2}\left[\boldsymbol{e}^{\mathrm{T}}\boldsymbol{P}\boldsymbol{e}+\mathrm{tr}(\boldsymbol{\Phi}^{\mathrm{T}}\boldsymbol{\Gamma}_1^{-1}\boldsymbol{\Phi}+\boldsymbol{\Psi}^{\mathrm{T}}\boldsymbol{\Gamma}_2^{-1}\boldsymbol{\Psi})\right] \tag{6.9}$$

其中，$\boldsymbol{P},\boldsymbol{\Gamma}_1^{-1}$ 及 $\boldsymbol{\Gamma}_2^{-1}$ 都是正定矩阵。

求式(6.9) 对时间 t 的导数，可得

$$\dot{\boldsymbol{V}}=\frac{1}{2}\left[\boldsymbol{e}^{\mathrm{T}}\boldsymbol{P}\dot{\boldsymbol{e}}+\dot{\boldsymbol{e}}\boldsymbol{P}\boldsymbol{e}+\mathrm{tr}(\dot{\boldsymbol{\Phi}}^{\mathrm{T}}\boldsymbol{\Gamma}_1^{-1}\boldsymbol{\Phi}+\boldsymbol{\Phi}^{\mathrm{T}}\boldsymbol{\Gamma}_1^{-1}\dot{\boldsymbol{\Phi}}+\dot{\boldsymbol{\Psi}}^{\mathrm{T}}\boldsymbol{\Gamma}_2^{-1}\boldsymbol{\Psi}+\boldsymbol{\Psi}^{\mathrm{T}}\boldsymbol{\Gamma}_2^{-1}\dot{\boldsymbol{\Psi}})\right] \tag{6.10}$$

将式(6.8) 代入式(6.10) 得

$$\begin{aligned}\dot{\boldsymbol{V}}=&\frac{1}{2}\boldsymbol{e}^{\mathrm{T}}(\boldsymbol{A}_m^{\mathrm{T}}\boldsymbol{P}+\boldsymbol{A}_m\boldsymbol{P})\boldsymbol{e}+\boldsymbol{e}\boldsymbol{P}\boldsymbol{B}_m\bar{\boldsymbol{K}}^{-1}\boldsymbol{\Phi}\boldsymbol{X}_p+\boldsymbol{e}^{\mathrm{T}}\boldsymbol{P}\boldsymbol{B}_m\bar{\boldsymbol{K}}^{-1}\boldsymbol{\Psi}\boldsymbol{r}+\\&\frac{1}{2}\mathrm{tr}(\dot{\boldsymbol{\Phi}}^{\mathrm{T}}\boldsymbol{\Gamma}_1^{-1}\boldsymbol{\Phi}+\boldsymbol{\Phi}^{\mathrm{T}}\boldsymbol{\Gamma}_1^{-1}\dot{\boldsymbol{\Phi}}+\dot{\boldsymbol{\Psi}}^{\mathrm{T}}\boldsymbol{\Gamma}_2^{-1}\boldsymbol{\Psi}+\boldsymbol{\Psi}^{\mathrm{T}}\boldsymbol{\Gamma}_2^{-1}\dot{\boldsymbol{\Psi}})\end{aligned} \tag{6.11}$$

式(6.11) 中，$\boldsymbol{e}\boldsymbol{P}\boldsymbol{B}_m\bar{\boldsymbol{K}}^{-1}\boldsymbol{\Phi}$ 为n 维行向量；$\boldsymbol{X}_p$ 为n 维列向量；$\boldsymbol{e}^{\mathrm{T}}\boldsymbol{P}\boldsymbol{B}_m\bar{\boldsymbol{K}}^{-1}\boldsymbol{\Psi}$ 为m 维行向量；$\boldsymbol{r}$ 为m 维列向量，则

$$\boldsymbol{e}\boldsymbol{P}\boldsymbol{B}_m\bar{\boldsymbol{K}}^{-1}\boldsymbol{\Phi}\boldsymbol{X}_p=\mathrm{tr}(\boldsymbol{X}_p\boldsymbol{e}^{\mathrm{T}}\boldsymbol{P}\boldsymbol{B}_m\bar{\boldsymbol{K}}^{-1}\boldsymbol{\Phi})$$
$$\boldsymbol{e}^{\mathrm{T}}\boldsymbol{P}\boldsymbol{B}_m\bar{\boldsymbol{K}}^{-1}\boldsymbol{\Psi}\boldsymbol{r}=\mathrm{tr}(\boldsymbol{r}\boldsymbol{e}^{\mathrm{T}}\boldsymbol{P}\boldsymbol{B}_m\bar{\boldsymbol{K}}^{-1}\boldsymbol{\Psi})$$

又有

$$\mathrm{tr}(\dot{\boldsymbol{\Phi}}^{\mathrm{T}}\boldsymbol{\Gamma}_1^{-1}\boldsymbol{\Phi})=\mathrm{tr}(\boldsymbol{\Phi}^{\mathrm{T}}\boldsymbol{\Gamma}_1^{-1}\dot{\boldsymbol{\Phi}})$$
$$\mathrm{tr}(\dot{\boldsymbol{\Psi}}^{\mathrm{T}}\boldsymbol{\Gamma}_2^{-2}\boldsymbol{\Psi})=\mathrm{tr}(\boldsymbol{\Psi}^{\mathrm{T}}\boldsymbol{\Gamma}_2^{-1}\dot{\boldsymbol{\Psi}})$$

可推导出

$$\left.\begin{aligned}&\dot{\boldsymbol{V}}=\frac{1}{2}\boldsymbol{e}^{\mathrm{T}}(\boldsymbol{P}\boldsymbol{A}_m+\boldsymbol{\Phi}_m^{\mathrm{T}}\boldsymbol{P})\boldsymbol{e}+\mathrm{tr}(\dot{\boldsymbol{\Phi}}^{\mathrm{T}}\boldsymbol{\Gamma}_1^{-1}\boldsymbol{\Phi}+\boldsymbol{X}_p\boldsymbol{e}^{\mathrm{T}}\boldsymbol{P}\boldsymbol{B}_m\bar{\boldsymbol{K}}^{-1}\boldsymbol{\Phi})\\&\mathrm{tr}(\dot{\boldsymbol{\Psi}}^{\mathrm{T}}\boldsymbol{\Gamma}_2^{-1}\boldsymbol{\Psi}+\boldsymbol{r}\boldsymbol{e}^{\mathrm{T}}\boldsymbol{P}\boldsymbol{B}_m\bar{\boldsymbol{K}}^{-1}\boldsymbol{\Psi})\end{aligned}\right\} \tag{6.12}$$

因为 $\boldsymbol{A}_m$ 为稳定矩阵，则可选对称正定阵 $\boldsymbol{Q}$，使得 $\boldsymbol{P}\boldsymbol{A}_m+\boldsymbol{A}_m^{\mathrm{T}}\boldsymbol{P}=-\boldsymbol{Q}$ 成立。对任意 $\boldsymbol{e}\neq\boldsymbol{0}$，式(6.12) 中右边第一项是负定的。如果式(6.12) 右边后两项都为零，则 $\dot{\boldsymbol{V}}$ 为负定，因此选取

$$\dot{\boldsymbol{\Phi}}=-\boldsymbol{\Gamma}_1^{-1}\begin{bmatrix}\boldsymbol{B}_m & \bar{\boldsymbol{K}}^{-1}\end{bmatrix}^{\mathrm{T}}\boldsymbol{P}\boldsymbol{e}\boldsymbol{X}_p^{\mathrm{T}} \tag{6.13}$$

$$\dot{\boldsymbol{\Psi}}=-\boldsymbol{\Gamma}_2^{-1}\begin{bmatrix}\boldsymbol{B}_m & \bar{\boldsymbol{K}}^{-1}\end{bmatrix}^{\mathrm{T}}\boldsymbol{P}\boldsymbol{e}\boldsymbol{r}^{\mathrm{T}} \tag{6.14}$$

则式(6.12) 中的后两项为零。

当 $\boldsymbol{A}_p$ 和 $\boldsymbol{B}_p$ 为常值或缓慢变化时，可设

$$\dot{\bar{\boldsymbol{F}}}\approx\boldsymbol{0},\quad\dot{\bar{\boldsymbol{K}}}\approx\boldsymbol{0}$$

可得自适应调节器的变化规律为

$$\dot{\boldsymbol{F}}=\dot{\bar{\boldsymbol{F}}}-\dot{\boldsymbol{\Phi}}=-\dot{\boldsymbol{\Phi}}=\boldsymbol{\Gamma}_1^{-1}\begin{bmatrix}\boldsymbol{B}_m & \bar{\boldsymbol{K}}^{-1}\end{bmatrix}^{\mathrm{T}}\boldsymbol{P}\boldsymbol{e}\boldsymbol{X} \tag{6.15}$$

$$\boldsymbol{F}(t)=\int_0^t\boldsymbol{\Gamma}_1^{-1}\begin{bmatrix}\boldsymbol{B}_m & \bar{\boldsymbol{K}}^{-1}\end{bmatrix}^{\mathrm{T}}\boldsymbol{P}\boldsymbol{e}\boldsymbol{X}\mathrm{d}\pi+\boldsymbol{F}(0) \tag{6.16}$$

$$\dot{\boldsymbol{K}}=\dot{\bar{\boldsymbol{K}}}-\dot{\boldsymbol{\Psi}}=-\dot{\boldsymbol{\Phi}}=\boldsymbol{\Gamma}_2^{-2}\begin{bmatrix}\boldsymbol{B}_m & \bar{\boldsymbol{K}}^{-1}\end{bmatrix}^{\mathrm{T}}\boldsymbol{P}\boldsymbol{e}\boldsymbol{r}^{\mathrm{T}} \tag{6.17}$$

$$\boldsymbol{K}(t)=\int\boldsymbol{\Gamma}_2\begin{bmatrix}\boldsymbol{B}_m & \bar{\boldsymbol{K}}^{-1}\end{bmatrix}^{\mathrm{T}}\boldsymbol{P}\boldsymbol{e}\boldsymbol{r}^{\mathrm{T}}\mathrm{d}\tau+\boldsymbol{K}(0) \tag{6.18}$$

式(6.16) 和式(6.18) 分别为 $\boldsymbol{F}(t)$ 和 $\boldsymbol{K}(t)$ 的自适应变化规律。

所设计的自适应调节规律对任意分段连续输入向量函数 $\boldsymbol{r}$ 能够保证模型参考自适应系统是全局渐进稳定的，即

$$\lim_{t\to\infty}\boldsymbol{e}(t)=\boldsymbol{0}$$

$\boldsymbol{e}(t)=\boldsymbol{0}$ 意味着 $\boldsymbol{F}=\bar{\boldsymbol{F}},\boldsymbol{K}=\bar{\boldsymbol{K}}$，可得

$$\boldsymbol{B}_m\bar{\boldsymbol{K}}^{-1}\boldsymbol{\Phi}\boldsymbol{X}_p+\boldsymbol{B}_m\bar{\boldsymbol{K}}^{-1}\boldsymbol{\Psi}\boldsymbol{r}=\boldsymbol{0}$$

由上式可得

$$\boldsymbol{\Phi}\boldsymbol{X}_p+\boldsymbol{\Psi}\boldsymbol{r}\equiv\boldsymbol{0}\tag{6.19}$$

使恒等式(6.19) 对任意 t 成立的条件为：

(1)$\boldsymbol{X}_p$ 和 $\boldsymbol{r}$ 为线性相关，且 $\boldsymbol{\Phi}\neq\boldsymbol{0}$ 和 $\boldsymbol{\Psi}\neq\boldsymbol{0}$；

(2)$\boldsymbol{X}_p$ 和 $\boldsymbol{r}$ 恒为零；

(3)$\boldsymbol{X}_p$ 和 $\boldsymbol{r}$ 为线性独立，并且 $\boldsymbol{\Phi}=\boldsymbol{0},\boldsymbol{\Psi}=\boldsymbol{0}$。

因此只有第三种情况能使参数收敛，故要求 $\boldsymbol{X}_p$ 和 $\boldsymbol{r}$ 线性独立。$\boldsymbol{X}_p$ 和 $\boldsymbol{r}$ 线性独立的条件为，$\boldsymbol{r}(t)$ 采用具有一定频率的方波信号或为由 q 个不同频率的正弦信号组成的分段连续信号，其中，$q>\frac{n}{2}$(或$\frac{n-1}{2}$)。在这种情况下 $\boldsymbol{X}_p$ 和 $\boldsymbol{r}$ 不恒等于零，且彼此线性独立，由此可以保证误差矩阵 $\boldsymbol{\Phi}(t)$ 和 $\boldsymbol{\Psi}(t)$ 逐步收敛，即

$$\lim_{t\to\infty}\boldsymbol{\Phi}(t)=\boldsymbol{0}$$

$$\lim_{t\to\infty}\boldsymbol{\Psi}(t)=\boldsymbol{0}$$

6.2　神经网络算法

人工神经网络对复杂系统具有很强的自适应和自学习能力，在信息处理并行机制中的冗余性也使控制系统具有很强的容错能力，因而引起了广大自动控制工作者的极大关注。目前，人工神经网络的应用已经渗透到自动控制领域的各个方面[141-142]，包括系统辨识、系统控制、优化计算以及控制系统的故障诊断与容错控制等。

6.2.1　神经网络简介

人工神经网络[143](Artifical Neural Networks, ANN)是在对复杂生物神经网络研究和理解的基础上发展起来的。人脑大约是由 10^{11} 个高度互连的单元构成的，这些单元称为神经元，每个神经元约有 10^4 个连接。仿照生物的神经元，可以用数学方式表示神经元，由此引入人工神经元的概念，并由神经元的互连可以定义出不同类型的神经网络。利用人工神经网络对受控对象进行控制是智能控制的一个重要领域。

人工神经网络是由大量简单的、反映非线性本质特征的处理单元(神经元、处理元件、电子元件、光电元件等)广泛连接而构成的复杂网络系统，其主要特征在于信息的分布存储和并行协同处理[143-144]。这种网络通过调整内部大量节点之间相互连接的关系，从而达到处理信息的目的。虽然单个神经元的结构极其简单，功能也有限，但大量神经元构成的网络系统能够实现的功能却是极为丰富的。人工神经网络的并行处理能力是通过分布式结构来体现的，即由不同个数的神经元以及它们之间不同的连接形式和方法来表现处理过程。神经网络的运行是

从输入到输出的值的传递过程，在值传递的同时就完成了信息的存储和计算，从而将信息的存取和计算完善地结合在一起。

人工神经网络具有学习特性和概括特性[145-146]。

(1)学习特性。通过预先提供的一批相互对应的输入-输出数据，分析掌握两者之间潜在的规律，最终根据这些规律，用新的输入数据来推算输出结果，这种学习分析的过程被称为“训练”。而“学习”则是指神经网络具有能够通过训练来决定自身的行为能力。

(2)概括特性。概括特性是指在训练完成后，神经网络的响应能在某种程度上对外界输入信息的少量丢失或神经网络组织的局部缺损不再敏感。当缺乏一部分信息时，依然能够得到准确的结果。这一特性反映出神经网络的鲁棒性能，或者说神经网络具有一定的容错能力。

6.2.2 BP 神经网络的结构与算法

单个人工神经元可以表示为如图 6-3 所示的形式。

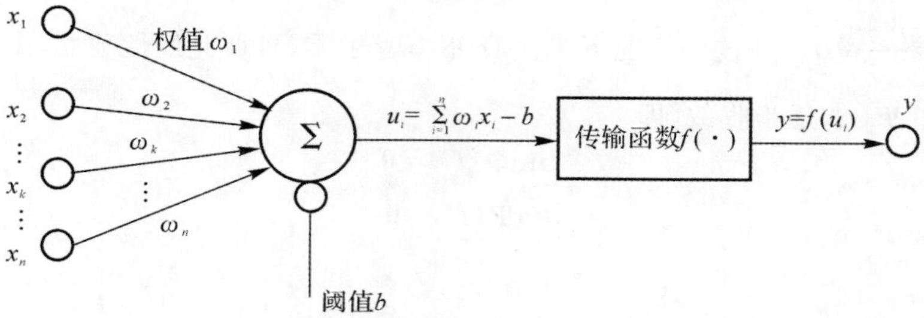

图 6-3　单个神经元的数学表示形式示意图

其中，$x_1,x_2,\cdots,x_n$ 为一组输入信号，它们经过权值 ω_i 加权后再求和，再减去阈值 b，则可得出 u_i 的值，可以认为该值为输入信号与阈值所构成的广义输入信号的线性组合。该信号经过传输函数 $f(\cdot)$，可以得到神经元的输出信号 y。

在神经元中，权值和传输函数是两个关键因素。权值的物理意义是输入信号的强度，若涉及多个神经元则可以理解成神经元之间的连接强度。神经元的权值 ω_i 是通过神经元对样板点反复的学习过程而确定的，这样的学习过程就是神经网络的训练。传输函数又称为激励函数，可以理解成对 u_i 信号的非线性映射，一般的传输函数应该为单值函数，使得神经元是可逆的。常用的传输函数有 Sigmoid 函数和对数 Sigmoid 函数，其数学表达式为[147]

Sigmoid 函数

$$f(x)=\frac{2}{1+\mathrm{e}^{-2x}}-1=\frac{1-\mathrm{e}^{-2x}}{1+\mathrm{e}^{-2x}} \tag{6.20}$$

对数 Sigmoid 函数

$$f(x)=\frac{1}{1+\mathrm{e}^{-x}} \tag{6.21}$$

根据神经元连接方式的不同，神经网络的类型也会有所不同。本章研究拟采用前馈神经网络。由于前馈神经网络在权值训练中采用误差逆向传播的方式，故也称为反向传播(Back Propagation)神经网络[142,148]，简称 BP 网络。

BP 网络能够实现一种特殊的非线性变换，将输入空间变换到由其隐层输出所张成的空间。典型的三层前馈网络的基本结构如图 6-4 所示。

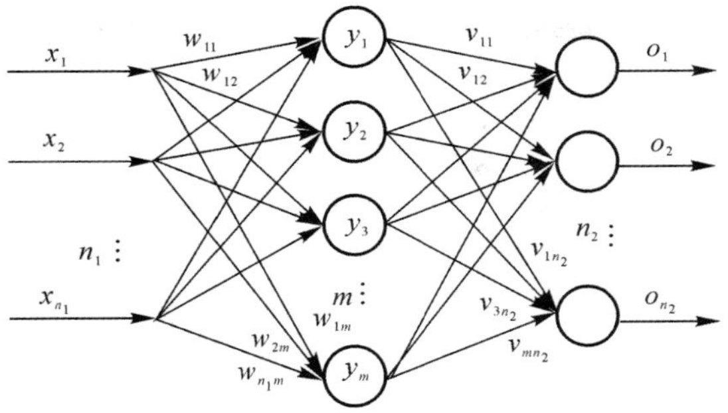

图 6-4　典型的三层前馈网络基本结构图

其中，$x_i(i=0\sim n_1)$ 表示神经网络输入层第 i 个神经元的输入；$o_j(j=0\sim n_2)$ 表示神经网络输出层第 j 个神经元的输出；ω_{ki} 表示输入层第 i 个神经元与中间层第 k 个神经元的连接权值；v_{jk} 表示中间层第 k 个神经元与输出层第 j 个神经元的连接权值。$u_k(k=0\sim m)$ 表示中间层第 k 个神经元的加权和，y_k 表示中间层第 k 个神经元的输出，它是 u_k 经过激励函数作用之后的输出。

$$u_k=\sum_{i=1}^{n1}\omega_{ki}x_i \tag{6.22}$$

$$y_k=f(u_k) \tag{6.23}$$

结合式(6.22) 和式(6.23)，可得到三层前馈网络的数学表达式

$$o_j=f\Big(\sum_{k=0}^{m}v_{jk}f\Big(\sum_{i=0}^{n1}\omega_{ki}x_i\Big)\Big) \tag{6.24}$$

定义代价函数为神经元的期望输出 $\hat{o}_j$ 与实际输出 o_j 之差的二次方和的一半，即

$$J=\frac{1}{2}\sum_{p=1}^{N}(\hat{o}_p-o_p)^2 \tag{6.25}$$

式(6.25) 中，$\hat{o}^p$ 和 o^p 分别为第 p 个样本输入时的神经网络期望输出值和实际输出值。

分别定义[148]

$$E_p=\frac{1}{2}(\hat{x}_p-x_p)^2 \tag{6.26}$$

$$\delta_{ki}=\frac{\partial E_p}{\partial y_{ki}} \tag{6.27}$$

其中，δ_k 为中间层第 k 个节点的误差，从而可以由输出层误差 δ_j 逐层向后传播得到各隐层误差 δ_k，代价函数对权值的梯度可以表示为

$$\frac{\partial E_p}{\partial\omega_{ki}}=\frac{\partial E_p}{\partial y_k}\,\frac{\partial y_k}{\partial\omega_{ki}}=\delta_k x_i \tag{6.28}$$

BP 算法的原理就是沿着能量对 ω_{ki} 的负梯度方向修正权值，即

$$\Delta\omega_{ki}=-\eta\frac{\partial E}{\partial\omega_{ki}}=-\eta\sum_{p=1}^{N}\frac{\partial E}{\partial\omega_{ki}} \tag{6.29}$$

基本的 BP 算法流程如图 6-5 所示[149-150]。

尽管 BP 神经网络在理论上很完整，应用也很广泛，但它也存在着一些问题：

(1) 标准的 BP 算法以均方误差为性能指标，并按照梯度下降方向收敛，有可能使得 BP 神经网络陷入局部极小点；

(2)BP 算法学习过程收敛速度很慢；

(3) 网络的隐层数及各隐层节点数难以确定；

(4) 学习样本的数量和质量影响学习效果，已学习好的网络的泛化能力较差。

针对这些问题，需要对基本 BP 算法做必要的改进，以加快收敛速度，达到最优化。

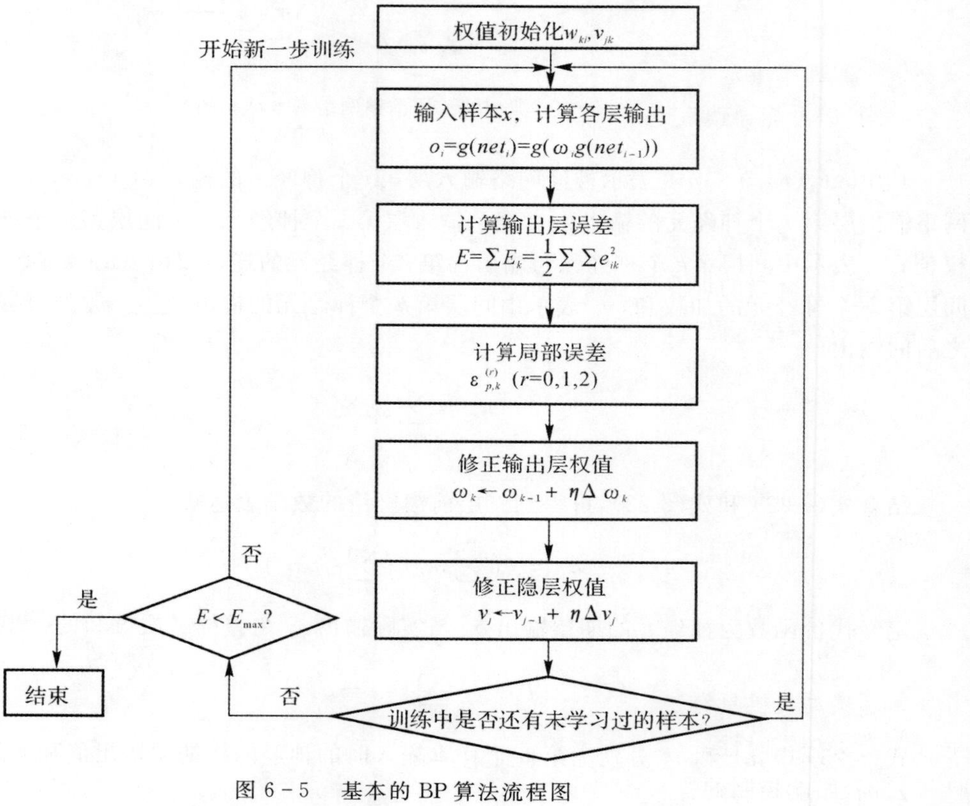

图 6-5　基本的 BP 算法流程图

从 BP 神经网络的算法和结构可知，在设计 BP 神经网络时需要从网络的层数、每层中神经元的个数、激励函数、初始权值以及学习速率等几个方面来进行考虑[151-152]。

1. 网络的层数

增加层数可以进一步降低误差，提高精度，但同时也会使网络复杂化，从而增加网络权值的训练时间。而误差精度的提高实际上也可以通过增加隐含层中神经元的数目来实现，并且其训练效果也比增加层数更容易观察和调整。

2. 隐含层的神经元个数

选择多少个隐含层节点才合适？这一问题在理论上并没有一个明确的规定。神经元个数太少，网络不能很好地进行学习，需要训练的次数也多，并且训练精度也不高。一般地说，隐含层中神经元的个数越多，功能就越强。但神经元个数太多，网络的循环次数，也就是训练时间就会随之增加。因此在具体的设计过程中，可以根据实际需要对取不同神经元个数的网络训练效果进行对比，选出一个合适的值。

3. 初始权值的选择

由于所要研究的系统是非线性的，初始权值的选取对是否能够达到局部最小、是否收敛以及训练时间的长短具有重要影响。如果初始权值选得太大，会使加权后的输入落在激励函数的饱和区，从而导致其导数极小，这样就会使神经网络的调节过程几乎停顿。所以一般总是希望经过加权后的每个神经元的输出值都接近于 0，这样可以保证每个神经元的权值都可以在它们的S型函数变化最大处进行调节。因此在训练开始时，把初始权值定为(－1,1)之间的某个随机数；在网络收敛后，再将此时的权值加以保存，就完成了神经网络的整个训练过程。

4. 学习速率

学习速率决定每一次循环训练中所产生的权值变化量。较快的学习速率可以缩短系统响应时间，但可能导致系统不稳定；较慢的学习速率会导致较长的训练时间，使网络收敛得比较慢，但能够保证网络的误差值最终趋于最小误差值。因此在一般情况下，倾向于选取较小的学习速率以保证系统的稳定性。

5. 期望误差的选取

在神经网络的训练过程中，期望误差值也是一个重要的指标。较小的期望误差值意味着较高的训练精度，但这需要通过增加隐含层的节点，以及增加训练时间来获得。因此，期望误差值的选取也应当通过对比训练考虑综合因素后，确定一个较为“合适”的值。

以上介绍的 BP 网络可以直接作为神经网络逆系统来逼近被控原系统的动态非线性逆系统，不仅性能优良，而且结构简单、概念明确。

根据上面的分析以及提高控制实时性的目的，本节在对算法改进时着重对学习速率进行改进。

6.2.3 BP 神经网络算法的改进

超机动飞机具有过失速机动能力，短时间内飞机各个状态量的变化很大，飞行控制系统设计需要关注实时性。一般的BP神经网络算法权值调整过程中迭代步数较多，导致调整速度较慢，进而影响控制的快速性。本节对BP算法进行一定改进，主要是通过改进BP算法的学习率来提高神经网络的训练速度。

标准的 BP 网络中，权值调整公式为

$$\Delta W(n) = -\eta \frac{\partial E}{\partial W(n)} \tag{6.30}$$

式(6.30)中，η 是学习率；$\Delta W(n)$ 是第 n 次迭代生成的权值调整量；$E(n)$ 是第 n 次迭代生成的误差；$W(n)$ 是 n 次迭代的连接权值。

由式(6.30)可知，学习率 η 的选取直接影响着权值调整量的大小，进而影响网络的收敛速度。若学习率 η 选取过小，网络收敛速度就很慢；若学习率 η 选取过大，权值的调整量过大，则可能引起收敛过程在最小值点附近摆动。为了解决学习率 η 选取的矛盾，在式(6.30)后面增加了动量项：

$$\Delta W(n) = -\eta \frac{\partial E}{\partial W(n)} + \alpha \Delta W(n-1) \tag{6.31}$$

式(6.31)中，$\alpha\Delta W(n-1)$ 为动量项；$\Delta W(n-1)$ 是第 $n-1$ 次迭代生成的权值调整量；α 为平滑系数；α 的取值范围为 $0<\alpha<1$。

式(6.31)是式(6.30)的一种改进，可以提高神经网络的收敛速度，但是不明显。

为了提高神经网络的收敛速度，本节将权值调整公式作出改进。

sign 函数 BP 算法：在式(6.31)的动量项前乘以函数 $\operatorname{sign}\left(M\dfrac{\partial E}{\partial W(n)}\right)$，即

$$\Delta W(n)=-\eta\frac{\partial E}{\partial W(n)}+\operatorname{sign}\left(M\frac{\partial E}{\partial W(n)}\right)\alpha\Delta W(n-1) \tag{6.32}$$

tanh 函数 BP 算法：在式(6.31)的动量项前乘以函数 $\tanh\left(M\dfrac{\partial E}{\partial W(n)}\right)$，即

$$\Delta W(n)=-\eta\frac{\partial E}{\partial W(n)}+\tanh\left(M\frac{\partial E}{\partial W(n)}\right)\alpha\Delta W(n-1) \tag{6.33}$$

式(6.32)和式(6.33)中，$\Delta W(n)$ 是第 n 次迭代生成的权值调整量；$E(n)$ 是第 n 次迭代的误差；$W(n)$ 是 n 次迭代的连接权值；M 为自定常数；η 是学习率。

改进后的 BP 算法在迭代过程中，当权值均朝一个方向变化时，其变化量将增大；当网络发生振荡时，权值的变化量将减小。采用 tanh 函数和 sign 函数都可以改变权值的调整方向，但使用 tanh 函数权值的调整过程较为平缓。

为了进一步增加对权值的调整效果，结合自适应调整学习率方法，对式(6.32)和式(6.33)进一步改进。

自适应调整学习率的规则为，检查权值的修正值是否真正降低了误差函数。如果学习率取小了，可以对其增加一个值；如果学习率取大了，产生了过调，则应减小学习率的值。

根据自适应调整学习率的规则可以将式(6.32)和式(6.33)改进为自适应调整算法。

自适应 sign 函数 BP 算法：

$$\Delta W(n)=-\eta(n)\frac{\partial E}{\partial W(n)}+\operatorname{sign}\left(M(n)\frac{\partial E}{\partial W(n)}\right)\alpha\Delta W(n-1) \tag{6.34}$$

自适应 tanh 函数 BP 算法：

$$\Delta W(n)=-\eta(n)\frac{\partial E}{\partial W(n)}+\tanh\left(M(n)\frac{\partial E}{\partial W(n)}\right)\alpha\Delta W(n-1) \tag{6.35}$$

定义：

$$e(n)=\frac{|E(n)|-|E(n-1)|}{|E(n)|} \tag{6.36}$$

若 $e(n)<0$，则有

$$M(n)=M(n-1)\left(1+\xi\mathrm{e}^{-e(n)}\right) \tag{6.37}$$

若 $e(n)>0$，则有

$$M(n)=M(n-1)\left(1-\xi\mathrm{e}^{-e(n)}\right) \tag{6.38}$$

$$\eta(n)=\begin{cases}a\eta(n-1), & E(n)<E(n-1)\\ b\eta(n-1), & E(n)>1.05E(n-1)\\ \eta(n-1), & E(n-1)\leqslant E(n)\leqslant 1.05E(n-1)\end{cases} \tag{6.39}$$

式(6.34)～式(6.39)中，$\Delta W(n)$ 是第 n 次迭代生成的权值调整量；$E(n)$ 是第 n 次迭代的误

差；$W(n)$ 是 n 次迭代的连接权值；$M(n)$ 为第 n 次迭代所需的参数；ξ，a，b 为常数。

结合式(6.32)～式(6.35)，以及图 6－5 所示的标准 BP 算法流程图，可以得到改进后的 BP 算法流程，如图 6－6 所示。

从图 6－6 可以看出，本节对 BP 算法的改进主要侧重于改进网络调整权值的学习率。改进后的 BP 算法与标准 BP 算法的计算过程基本一致，没有增加过多的计算量。

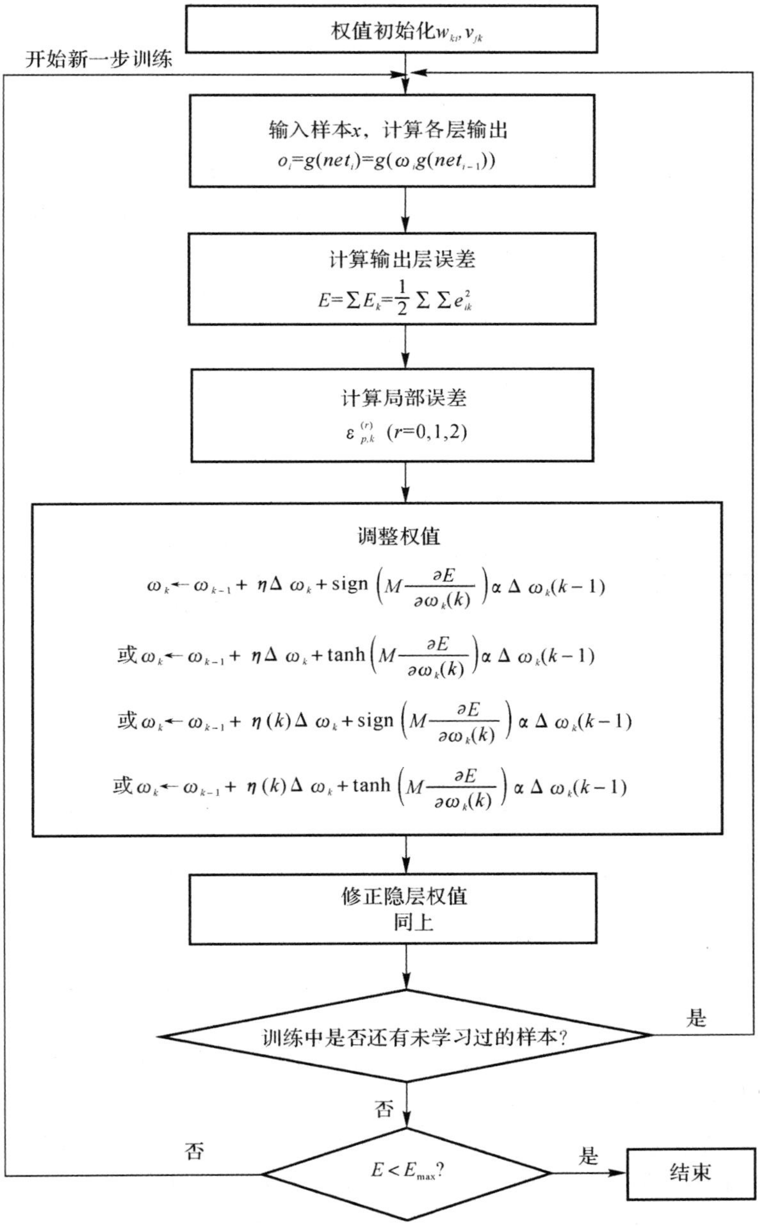

图 6－6　改进后的 BP 算法流程图

6.2.4 改进 BP 神经网络算法的性能分析

综上所述，选用 MATLAB 作为仿真平台对几种改进的 BP 算法的实际效果进行数值对比分析。

构造离散函数：

$$y(n)=\frac{1}{1+3y(n-1)+u^2(n)},\quad y(0)=0.15 \tag{6.40}$$

输入信号取值为

$$u(n)=0.3\sin(n\pi/50)+0.4\sin(n\pi/25) \tag{6.41}$$

创建一个含一个隐层(含 3 个神经元)的单输出 BP 神经网络，采用各种不同的算法训练该网络，并对一位整数奇偶性判别问题进行测试。训练样本为 n 从 1 到 100 的输入信号 $u(n)$ 和输出信号 $y(n)$ 的取值。

网络进行初始化，分别应用标准 BP 算法、附加动量项的 BP 算法、sign 函数 BP 算法、tanh 函数 BP 算法、自适应 sign 函数 BP 算法和自适应 tanh 函数 BP 算法对该网络进行训练。训练中以固定最大迭代次数 20 000 和最小均方误差 0.001 为标准，其中一次的仿真结果如图 6－7所示。

考虑到每种算法的初始化参数不同，应进行多次训练。通过 50 次训练，取其平均值，得到了 6 种算法收敛速度，见表 6－1。

表 6－1 各种 BP 算法收敛速度比较表

算法	迭代次数	训练时间/s	均方误差
标准 BP 算法	6 622	5.30	0.000 99
加动量项的 BP 算法	3 182	2.29	0.000 98
sign 函数 BP 算法	519	0.42	0.000 99
tanh 函数 BP 算法	976	0.98	0.000 99
自适应 sign 函数 BP 算法	102	0.08	0.000 99
自适应 tanh 函数 BP 算法	248	0.2	0.000 96

从表 6－1 可以看出，本节改进的 sign 函数 BP 算法和 tanh 函数 BP 算法比标准 BP 算法和加动量项的 BP 算法在迭代次数上和训练时间都有一定优势，但不突出；改进的自适应 sign 函数 BP 算法和自适应 tanh 函数 BP 算法比标准 BP 算法和加动量项的 BP 算法在迭代次数上和训练时间都有很大改善；在收敛误差精度、找到全局最小值两方面也有一定程度的改进。

通过本算例，可以看出本节提出的 4 种 BP 算法的性能比标准算法在收敛速度上有很大程度的改进，为应用 BP 神经网络在自适应控制中在线调整参数奠定了基础。

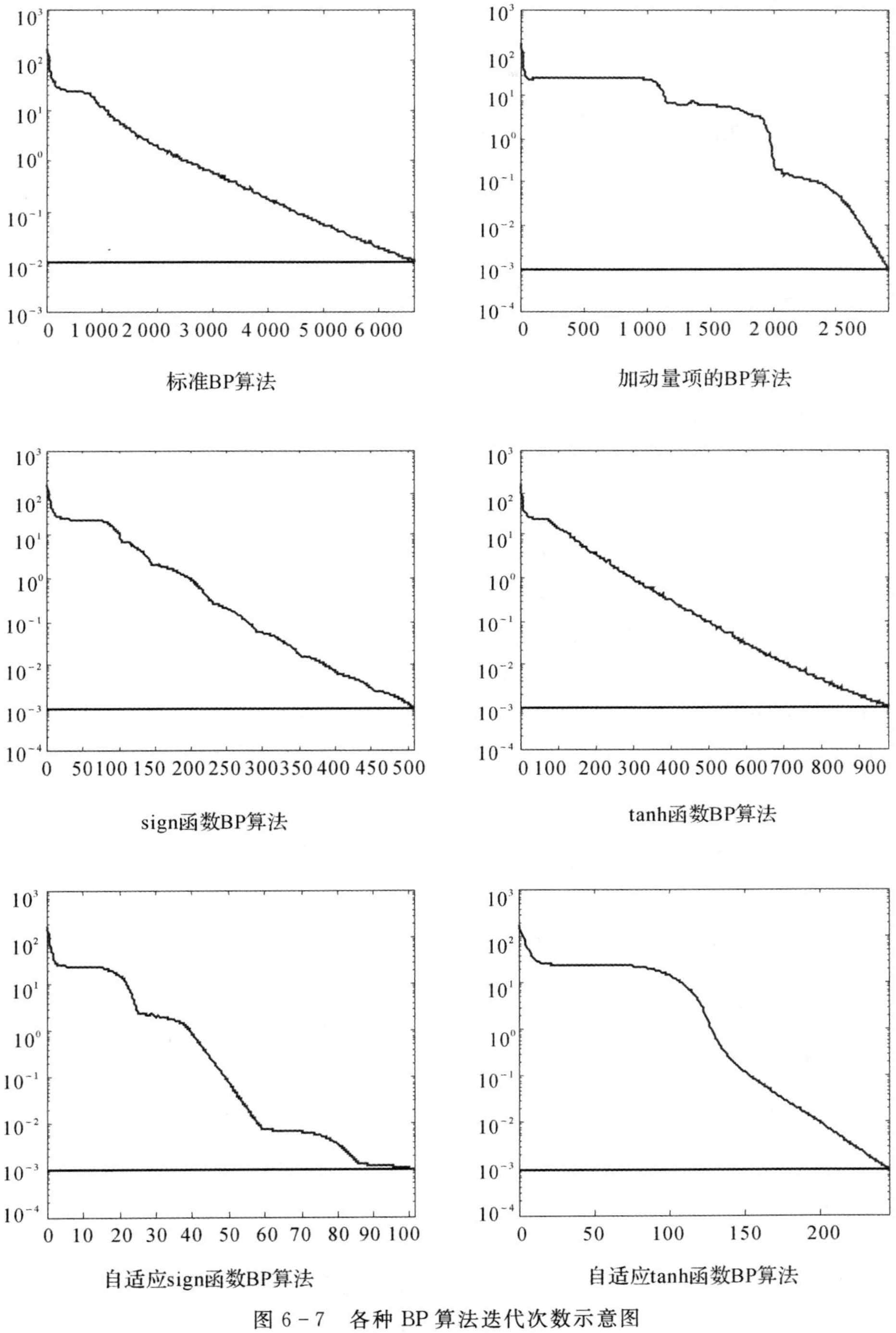

标准BP算法　　加动量项的BP算法

sign函数BP算法　　tanh函数BP算法

自适应sign函数BP算法　　自适应tanh函数BP算法

图 6-7　各种 BP 算法迭代次数示意图

6.3 超机动飞机神经网络自适应逆控制律设计

6.3.1 非线性动态逆误差的求解

设存在如下二阶系统[42,146,153]：

$$\ddot{\boldsymbol{x}}=f(\boldsymbol{x},\dot{\boldsymbol{x}},\boldsymbol{\delta}) \tag{6.42}$$

式中，$\boldsymbol{x}$ 为状态量；$\boldsymbol{\delta}$ 为控制量；$\boldsymbol{x},\dot{\boldsymbol{x}}\in\mathbf{R}^n$；$\boldsymbol{\delta}\in\mathbf{R}^m$。

由于系统比较复杂，实际系统的运动方程 f 往往很难描述，因此选取一个近似函数 $\hat{f}$ 对 f 做出近似。

为了实现反馈线性化，引入伪控制量 $\boldsymbol{v}$，使得伪控制量和状态量之间存在如下线性关系：

$$\boldsymbol{v}=\hat{f}(\boldsymbol{x},\dot{\boldsymbol{x}},\boldsymbol{\delta}) \tag{6.43}$$

用非线性动态逆方法得到系统的控制输入：

$$\boldsymbol{\delta}_{\mathrm{cmd}}=\hat{f}^{-1}(\boldsymbol{x},\dot{\boldsymbol{x}},\boldsymbol{v}) \tag{6.44}$$

非线性动态逆误差由建模误差、求逆计算产生的误差以及外界干扰等引起，考虑到这些误差的存在，系统的动态特性可以表达为

$$\ddot{\boldsymbol{x}}=\hat{f}(\boldsymbol{x},\dot{\boldsymbol{x}},\boldsymbol{\delta})+\Delta(\boldsymbol{x},\dot{\boldsymbol{x}},\boldsymbol{\delta}) \tag{6.45}$$

式(6.45)中，$\Delta(\boldsymbol{x},\dot{\boldsymbol{x}},\boldsymbol{\delta})$ 为系统逆误差，它是指令信号、状态量以及控制量等的非线性时变函数，可以表示为

$$\Delta(\boldsymbol{x},\dot{\boldsymbol{x}},\boldsymbol{\delta})=f(\boldsymbol{x},\dot{\boldsymbol{x}},\boldsymbol{\delta})-\hat{f}(\boldsymbol{x},\dot{\boldsymbol{x}},\boldsymbol{\delta}) \tag{6.46}$$

根据对伪控制信号和非线性动态逆误差的定义，系统方程可以等价地表示为

$$\ddot{\boldsymbol{x}}=\boldsymbol{v}+\Delta(\boldsymbol{x},\dot{\boldsymbol{x}},\boldsymbol{\delta}) \tag{6.47}$$

非线性动态逆方法应用的条件是要求使用系统精确的数学模型，逆误差本身难以在非线性动态逆控制中被消除。为了消除逆误差，可以在控制器中增加自适应环节，将其输出信号 v_{ad} 叠加到伪控制信号 $\boldsymbol{v}$ 中，此自适应环节采用具有良好逼近连续非线性函数能力的 BP 神经网络来实现。系统结构图如图 6－8 所示[154]。

如图 6－8 所示，当指令滤波器输出信号 $\boldsymbol{x}_f$ 代表输入指令 $\boldsymbol{x}_c$ 时，此指令滤波器可以表示为

$$\dot{\boldsymbol{x}}_f=f_f(\boldsymbol{x}_f,\boldsymbol{x}_c) \tag{6.48}$$

而指令滤波器输出的伪控制信号可以表示为

$$\boldsymbol{v}_f=f_f(\boldsymbol{x}_f,\dot{\boldsymbol{x}}_f,\boldsymbol{x}_c) \tag{6.49}$$

系统的伪控制信号将由指令滤波器输出的伪控制信号和神经网络自适应信号构成，即

$$\boldsymbol{v}=\boldsymbol{v}_f-\boldsymbol{v}_{ad} \tag{6.50}$$

将式(6.50) 带入式(6.47)，经整理可得系统跟踪误差的动态特性为

$$\dot{\boldsymbol{e}}=\boldsymbol{e}+\boldsymbol{A}[\boldsymbol{v}_{ad}-\Delta(\boldsymbol{x},\dot{\boldsymbol{x}},\boldsymbol{\delta})] \tag{6.51}$$

其中，$\boldsymbol{A}=\begin{bmatrix}\boldsymbol{0}\\ \boldsymbol{I}\end{bmatrix}$，$\boldsymbol{e}=\begin{bmatrix}\boldsymbol{x}_f-\boldsymbol{x}\\ \dot{\boldsymbol{x}}_f-\dot{\boldsymbol{x}}\end{bmatrix}$。

由式(6.51)可知，理想情况下，自适应输出项 $\boldsymbol{v}_{ad}$ 如果能够完全重构逆误差，则系统跟踪误差将渐进趋向于 0。

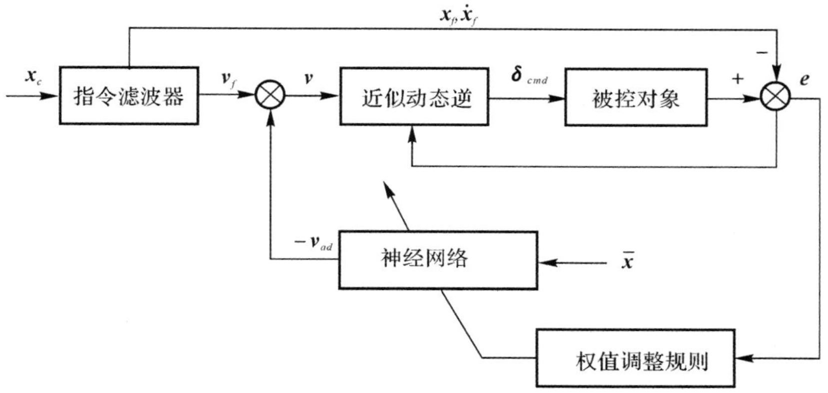

图 6-8　神经网络自适应逆控制结构图

6.3.2　BP 神经网络的构造

在本节中，考虑使用单隐层BP神经网络进行调节，以加快系统的响应时间，提高网络的训练精度。输入层的输入个数为 6 个，分别为 $\alpha_d,\beta_d,\mu_d,\alpha_{ad},\beta_{ad},\mu_{ad}$，输出层的输出个数为 3 个，分别为 $\alpha_{ad},\beta_{ad},\mu_{ad}$，隐含层中神经元的个数为 5 个，学习速率取 0.5，期望误差值取 e^{-10}，激励函数 $f(\cdot)$ 选对数 Sigmoid 函数：$f(x)=\dfrac{1}{1+e^{-x}}$。

本节所采用的单隐层 BP 神经网络结构如图 6-9 所示。

BP 神经网络输入输出的映射关系可以写为

$$y_i=\sum_{j=1}^{N_2}\left[\omega_{ij}\sigma\left(\sum_{k=1}^{N_1}v_{jk}\bar{x}_k+\theta_{vj}\right)+\theta_{\omega i}\right],i=1,\cdots,N_3 \tag{6.52}$$

其中，v_{jk} 表示输入层到隐含层之间的连接权值；ω_{ij} 表示隐含层到输出层之间的连接权值；$\theta_{vj},\theta_{\omega i}$ 表示阀值；N_1,N_2,N_3 分别表示输入层、隐含层和输出层的神经元个数；$\sigma(\cdot)$ 表示隐含层激励函数，其表达式为

$$\sigma(z_i)=\frac{1}{1+e^{-az_i}} \tag{6.53}$$

其中，$z_i\in\mathbf{R}$；a 为激励系数。

定义如下矩阵：

$$\left.\begin{aligned}\bar{\boldsymbol{x}}&=[1\quad \bar{x}_1\quad \cdots\quad \bar{x}_{N_1}]^{\mathrm{T}}\\ \boldsymbol{y}&=[y_1\quad \cdots\quad y_{N_3}]^{\mathrm{T}}\\ \boldsymbol{\sigma}(z)&=[1\quad \sigma(z_1)\quad \cdots\quad \sigma(z_{N_2})]^{\mathrm{T}}\end{aligned}\right\} \tag{6.54}$$

定义如下神经网络权重矩阵：

$$\left.\begin{aligned}\boldsymbol{W}^{\mathrm{T}}&=[\theta_{\omega i}\mid\omega_{ij}]\\ \boldsymbol{V}^{\mathrm{T}}&=[\theta_{vj}\mid v_{ij}]\end{aligned}\right\}\tag{6.55}$$

结合式(6.54)和式(6.55)，神经网络输入输出的映射可以写为如下矩阵形式：

$$\boldsymbol{y}=\boldsymbol{W}^{\mathrm{T}}\boldsymbol{\sigma}(\boldsymbol{V}^{\mathrm{T}}\bar{\boldsymbol{x}})\tag{6.56}$$

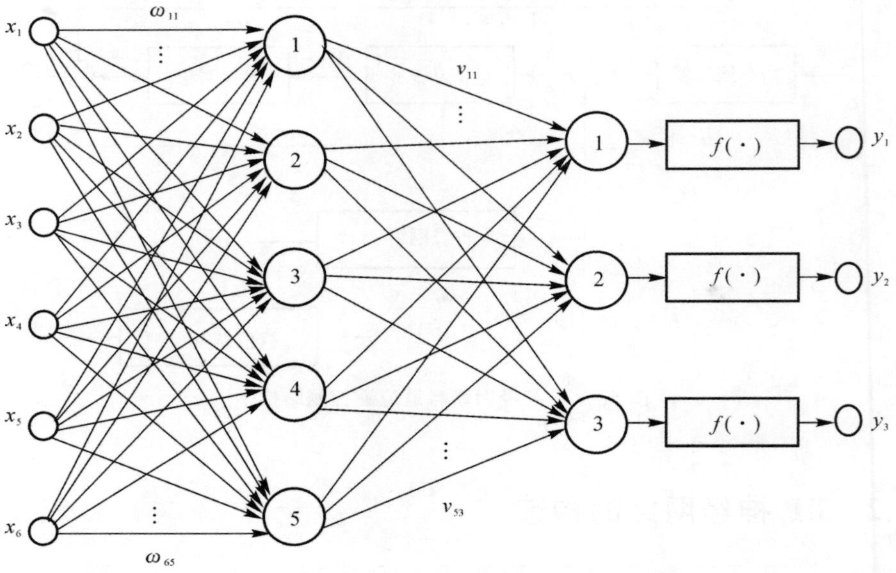

图 6-9　超机动飞机单隐层 BP 神经网络结构图

6.3.3　超机动飞机自适应逆控制律设计

本节采用的超机动飞机具有三角翼/鸭翼/单垂尾/单发动机结构，并带推力矢量。飞机超机动飞行时的姿态控制由三个气动舵面和两个推力矢量舵面在允许的偏角范围内加权组合联动实现。由于推力响应时间常数为3 s，远远大于飞机姿态角和角速率响应时间常数(3倍以上)，因此在仿真中，发动机推力可以设置为常数。飞机的数学模型是一个6自由度、12个状态变量的非线性状态系统。

由于非线性动态逆快状态回路控制是精确控制，在控制原理中没有省略任何部分，也不存在由非线性动态特性对消不完全引入的系统逆误差，所以对快状态回路不进行补偿。而快状态回路响应不完全所带来的不确定误差主要对慢状态回路控制产生影响，且飞行员在飞行中主要控制的也是慢状态回路中的 α,β,μ 三个变量，因此在设计中，主要对慢状态回路三个通道的逆误差进行自适应补偿，对 α,β,μ 这三个通道分别设计神经网络自适应补偿器。以 α 通道为例，控制结构如图 6-10 所示。

如图 6-10 所示，α_c 为指令信号，α_f 为经过指令滤波器输出的理想响应信号，$\dot{\alpha}_f$ 为其微分信号；线性补偿器取一阶比例控制，比例系数 $k_\alpha=2$；迎角伪控制信号 v_α 由线性补偿器输出信号 $v_{p\alpha}$、滤波器输出的微分信号 $\dot{\alpha}_f$ 和神经网络输出的自适应信号 $v_{ad\alpha}$ 三部分组成。

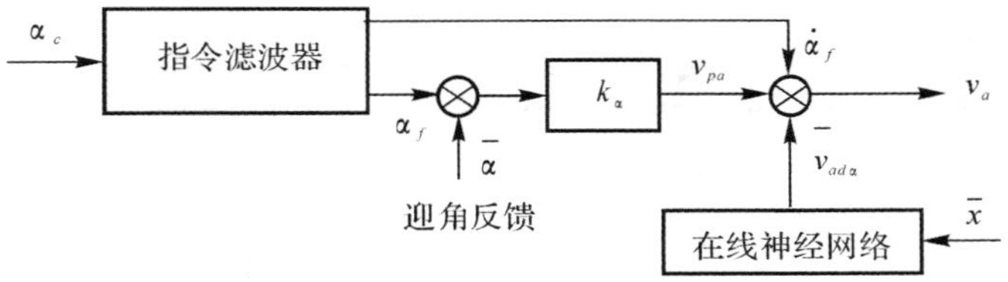

图 6-10　α 通道神经网络自适应补偿器结构图

6.4　神经网络自适应逆控制律仿真验证与分析

6.3 节完成了超机动飞机自适应逆控制律的设计。结合第 3 章设计的非线性动态逆控制器，在 Simulink 下构建超机动飞机自适应逆控制仿真模型来验证前面设计的控制器。下面分别通过完成 Cobra[130,133] 机动和 herbst[130,155,156] 验证自适应逆控制律的控制效果。

本节对 BP 神经网络的权值算法进行了改进。在仿真验证自适应逆控制律的控制效果之前，本节分别应用标准 BP 算法、加动量项的 BP 算法、sign 函数 BP 算法和 tanh 函数 BP 算法对迎角 α 进行指令跟踪，并与无神经网络的非线性动态逆控制器对迎角 α 进行指令跟踪的结果进行对比。

令 β_c 和 μ_c 始终保持为 0；迎角指令 α_c 为一个方波信号，α_c 在 0 ～ 5 s 内取 20°；α_c 在 5 ～ 10 s 内为 0°；迎角 α 初值为 0°。分别采用非线性动态逆控制器和自适应逆控制器跟踪输入指令 α_c，其仿真结果如图 6-11 所示。

从图 6-11 可以看出，加入各种神经网络算法的自适应逆控制器的性能要优于非线性动态逆控制器，但各种 BP 算法的差别不大，其中 sign 函数和 tanh 函数 BP 算法的控制效果略微好一点。

本节在下面的仿真中选用了仿真时间最短的 sign 函数 BP 算法神经网络。

6.4.1　Cobra 机动

初始条件为，$h=1$ km，$V=100$ m/s。令 β_c 和 μ_c 始终保持为 0。α_c 在 0 ～ 1 s 内取 8°；α_c 在 1 ～ 5 s 内快速增加到 70°，期间 α 也跟踪到 70°；α_c 在 70° 保持 1 s；α_c 在 6 ～ 9 s 内减小到 5°，α 也减小到 5°。分别采用非线性动态逆控制器和自适应逆控制器跟踪输入指令 α_c，β_c，μ_c，仿真结果如图 6-12 ～ 图 6-15 所示。

图 6-12～图 6-15 中虚线表示的是控制指令，实线表示的是采用自适应逆控制器时的输出量，点画线表示的是采用非线性动态逆控制器时的输出量。从图 6-12 和图 6-13 可以看出，在 Cobra 机动中，采用自适应逆控制器，状态量 α 对控制指令 α_c 的跟踪效果更好。从图 6-14 和图 6-15 可以看出，在 Cobra 机动中，采用自适应逆控制器的鸭翼动作较快，纵向推力矢量舵面偏转的角度较大；侧向气动力 Y 和气动力矩 l，n 的取值始终为 0，且副翼、方向舵以及侧向推力矢量舵面均未发生偏转，不产生横侧向的控制输入。

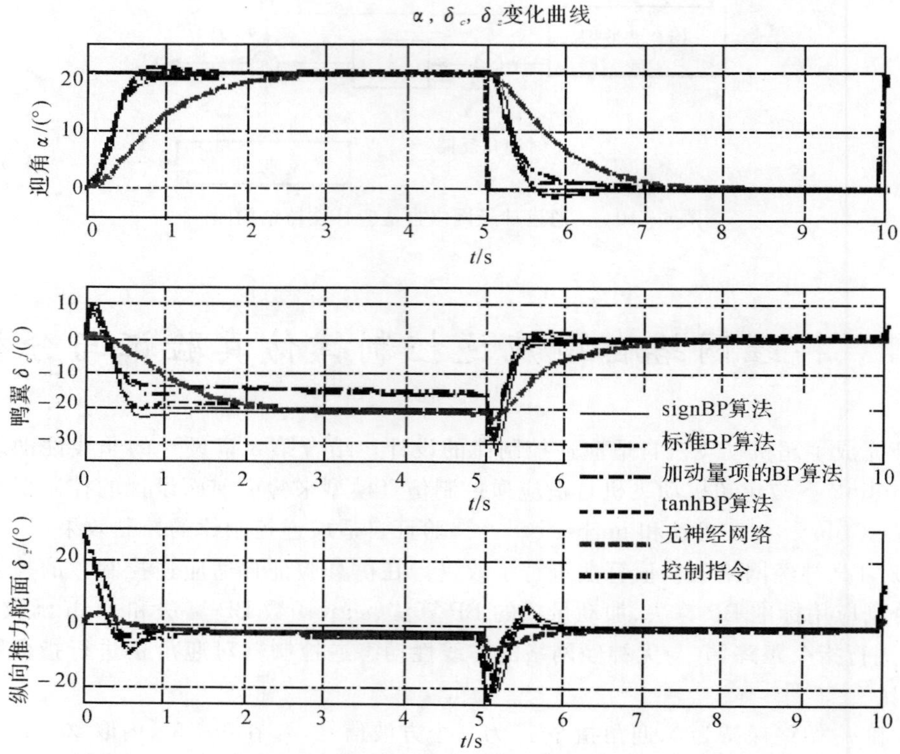

图 6-11　各种 BP 算法对迎角指令 α_c 的跟踪效果对比图

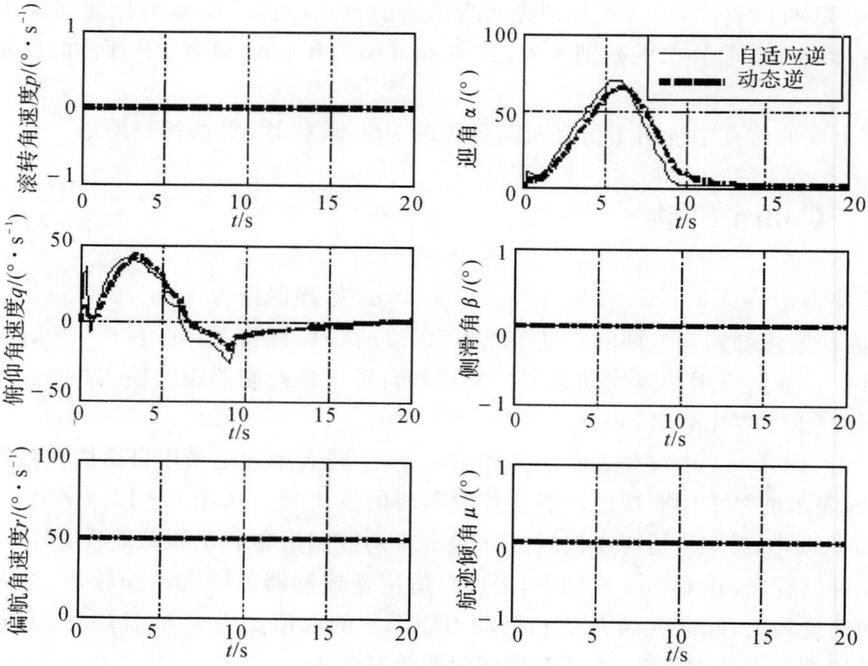

图 6-12　Cobra 机动时 p,q,r,α,β,μ 的变化对比图

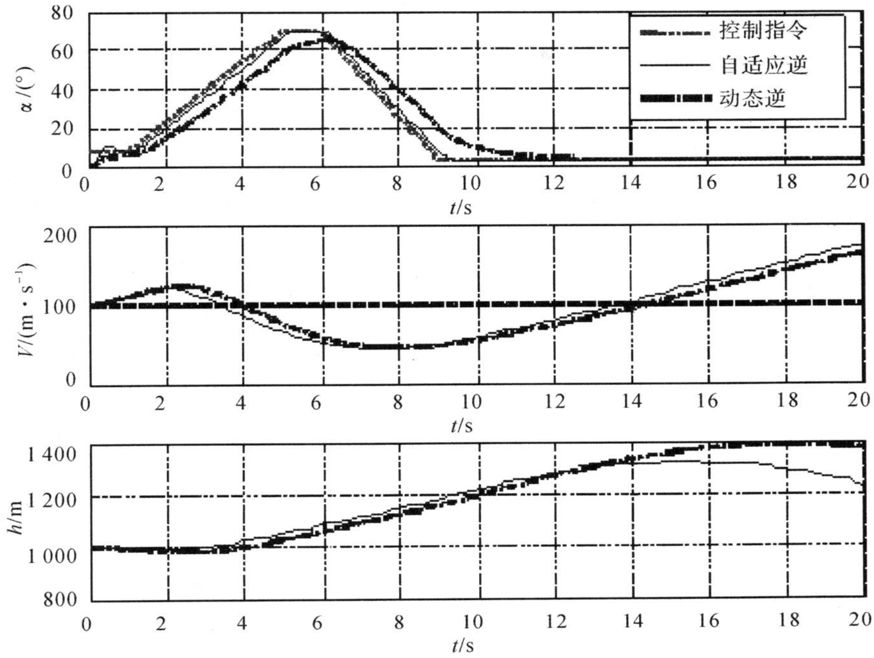

图 6－13　Cobra 机动时 α, V, h 的变化对比图

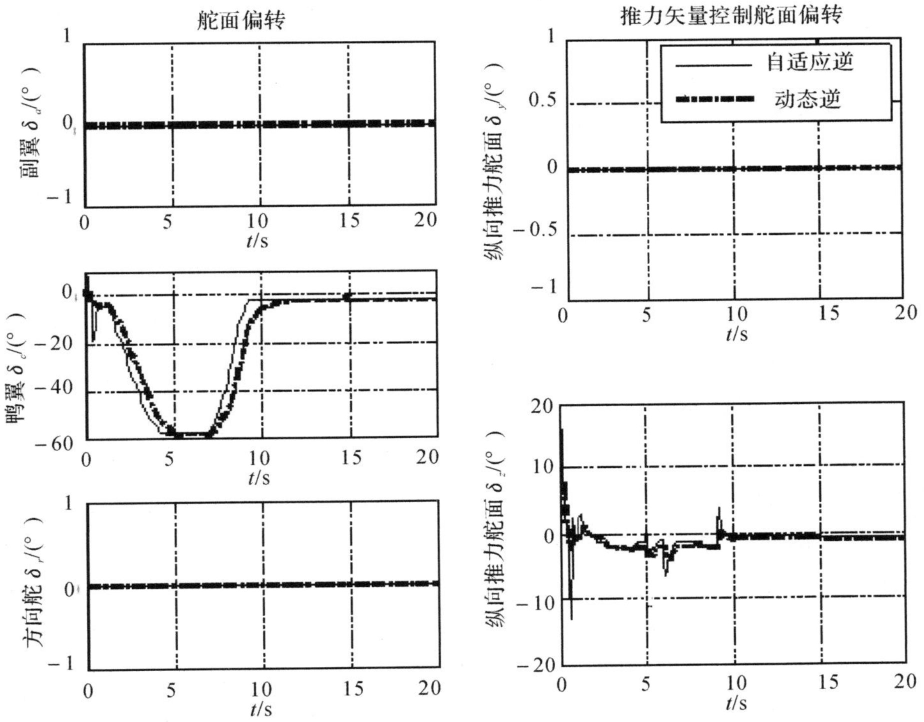

图 6－14　Cobra 机动时各个控制舵面偏转角对比图

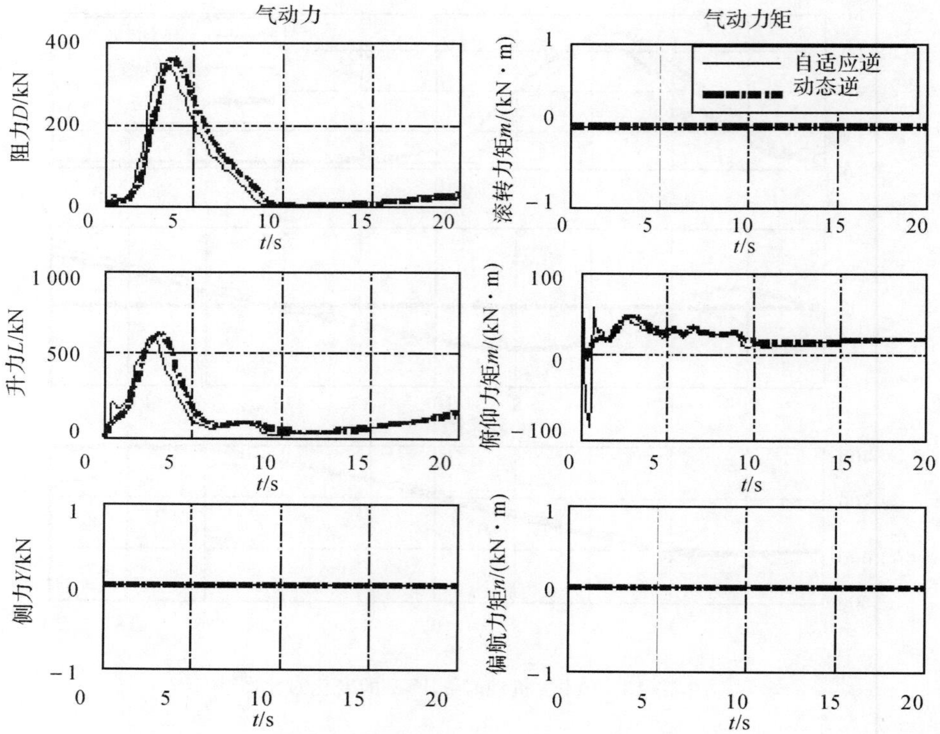

图 6-15 Cobra 机动时气动力和气动力矩的变化对比图

6.4.2 Herbst 机动

初始条件为，$h=1$ km，$V=100$ m/s。令 β_c 始终保持为 0。根据超机动飞机非线性数学方程式(2.1) ～ 式(2.12)，通过在三维空间最小转弯时间算法优化[157-160]，得到输入指令 α_c 和 μ_c。

分别采用非线性动态逆控制器和自适应逆控制器跟踪输入指令 α_c，β_c，μ_c，仿真结果如图 6-16～图 6-21 所示。图 6-16～图 6-21 中虚线表示的是控制指令，实线表示的是采用自适应逆控制器时的输出量，点画线表示的是采用非线性动态逆控制器时的输出量。从图 6-16 可以看出，在 Herbst 机动中，采用自适应逆控制器，状态量 α，μ 对控制指令 α_c，μ_c 的跟踪效果更好。从图 6-18 和图 6-19 可以看出，采用非线性动态逆控制器和自适应逆控制器都能完成 Herbst 机动，但采用自适应逆控制器机动更为迅速。由图 6-20 可知，在进行 Herbst 机动的过程中，各个控制舵面都发生了偏转，但分别采用非线性动态逆控制器和自适应逆控制器时舵面偏转角相差不大，其中采用自适应逆控制器时各个舵面偏转角略大。从图 6-21 可以看出，在 Herbst 机动中采用自适应逆控制器各个气动力和气动力矩的变化早于采用非线性动态逆控制器，采用非线性动态逆控制器时各个气动力和气动力矩的最大值较大。

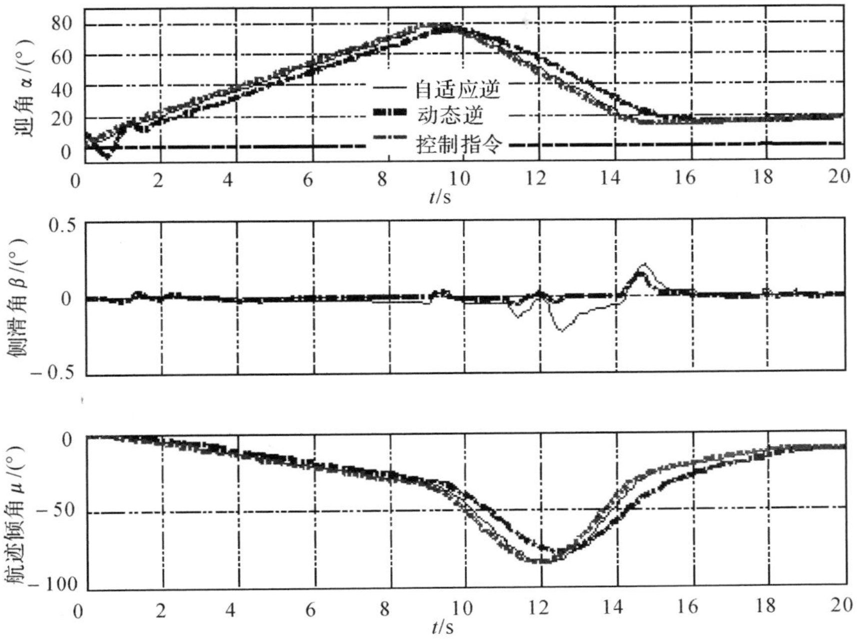

图 6-16　Herbst 机动时 α,β,μ 的变化对比图

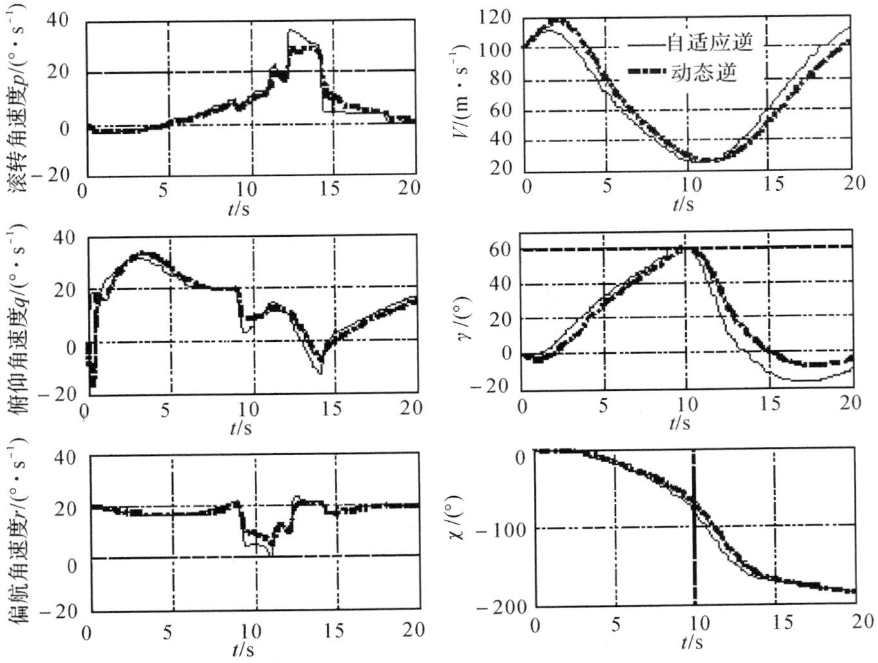

图 6-17　Herbst 机动时 p,q,r,V,γ,χ 的变化对比图

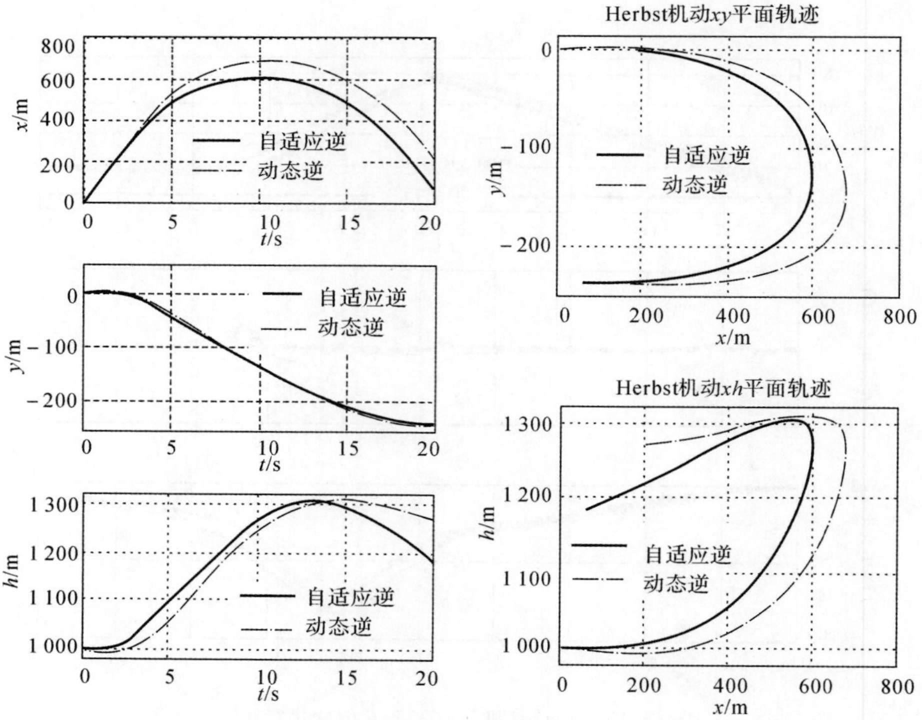

图 6-18　Herbst 机动时，飞机平面运动轨迹对比图

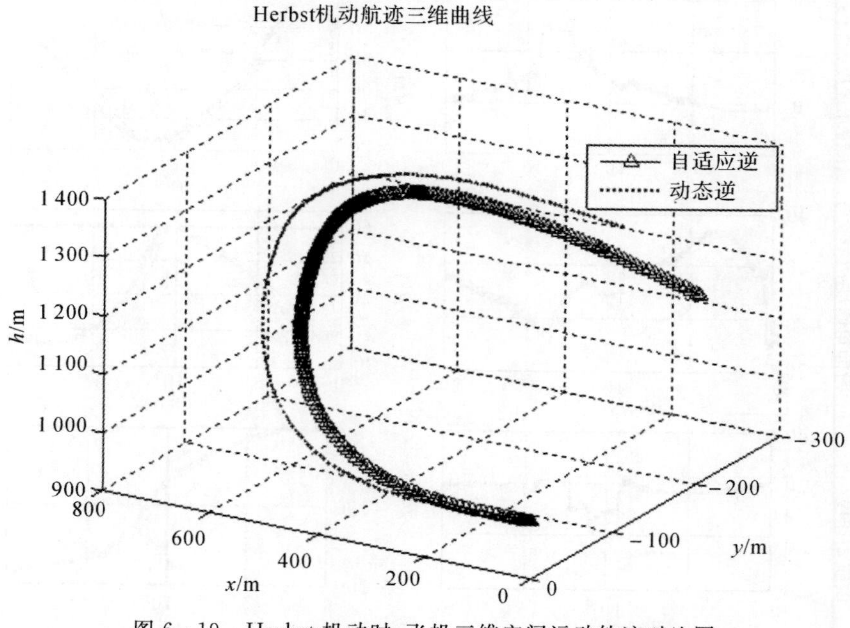

图 6-19　Herbst 机动时，飞机三维空间运动轨迹对比图

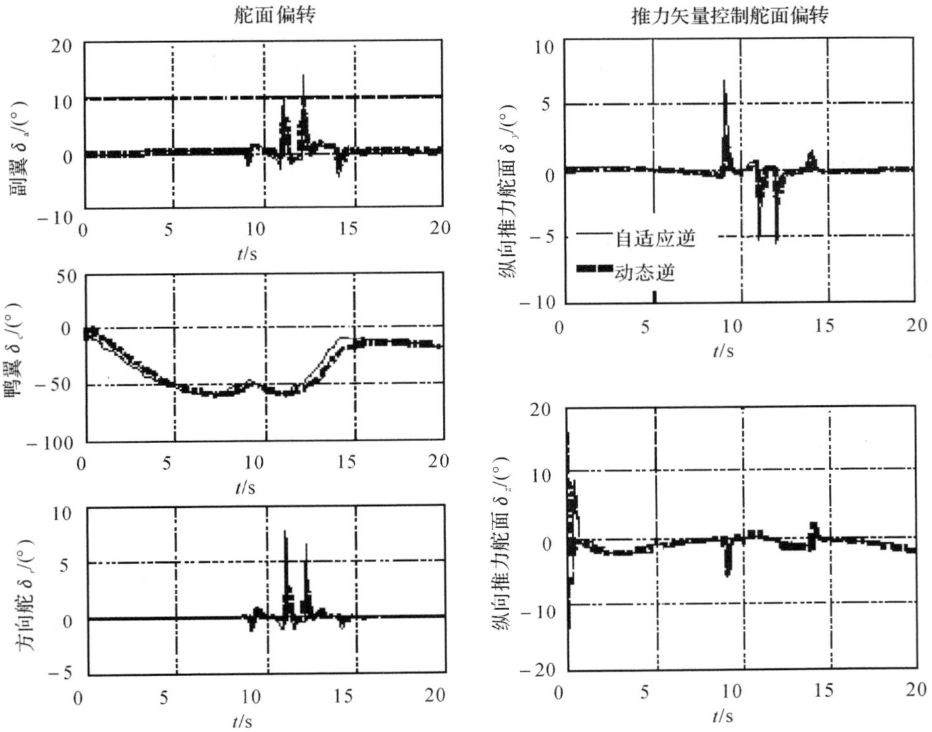

图 6-20 Herbst 机动时各个控制舵面偏转角对比图

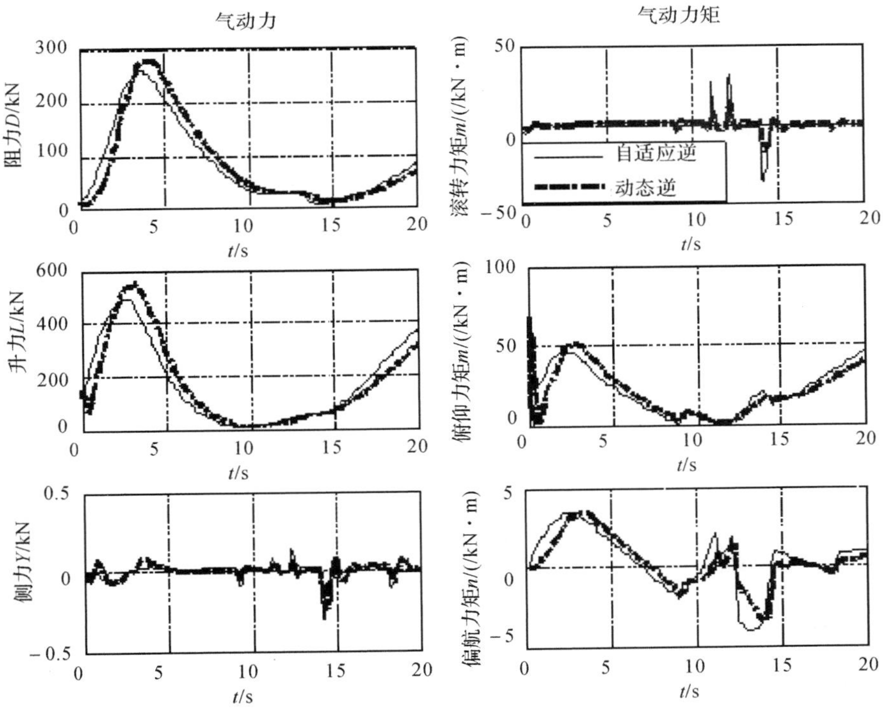

图 6-21 Herbst 机动时，气动力和气动力矩变化对比图

6.5 小　　结

本章主要研究了基于神经网络的自适应逆控制方法，它是一种将反馈线性化与自适应控制相结合的非线性控制方案，充分利用了参考模型和跟踪误差信息来完成系统设计，实现系统对参考模型的渐近跟踪。在消除非线性系统逆误差方面，主要是根据模型自适应的思想，提出了一种基于系统逆误差的自适应策略，利用神经网络能够以任意理想精度逼近平滑非线性函数的能力，对超机动飞行控制系统的逆误差进行了在线补偿，弥补了非线性动态逆要求精确数学模型的缺点，并能提高整个控制系统的鲁棒性能。通过对超机动飞机过失速机动的仿真验证，证明了所提算法的有效性。本章提出的自适应策略是在描述系统的一般模型上展开的，因此所提出的方法具有广泛的适用性。

参 考 文 献

[1] 谢蓉，王晓燕，王新民，等. 先进控制理论及应用导论 [M]. 西安：西北工业大学出版社，2015.

[2] Ahlstrom K, Torin J. Future Architecture of Flight Control System [J]. IEEE Aerospace & Electronic Systems Magazine, 2003,17(2):21-27.

[3] 郭锁凤，申功璋. 先进飞行控制系统 [M]. 北京：国防工业出版社，2003.

[4] 李言俊，张科. 自适应控制理论及应用 [M].西安：西北工业大学出版，2005.

[5] Joseph R. High-Angle-of-Attack Technology: Progress and Challenges [J]. High-Angle-of-Attack Technology, NASA CP-3149,1992,1(5): 1-22.

[6] 张平，陈宗基. 现代新型气动布局第四代战斗机飞行控制系统的新概念、新方法综述 [R]. 北京航空航天大学：导航、控制与制导学科技术报告，2002.

[7] 文传源. 现代飞行控制 [M]. 北京：北京航空航天大学出版社，2004.

[8] Doman D B, Ngo A D. Dynamic Inversion-based Adaptive/Reconfigurable Control of the X-33 on Ascent [J]. Journal of Guidance, Control and Dynamics, 2002,25(2): 275-284.

[9] 梅生伟，申铁龙，刘康志. 现代鲁棒控制理论及应用 [M]. 北京：清华大学出版社，2003.

[10] Alberto Isidori. 非线性控制系统 [M].3 版. 北京：电子工业出版社，2005.

[11] 朱宝鎏，朱荣昌，熊笑非. 作战飞机作战效能评估 [M]. 北京：航空工业出版社，1993.

[12] 王美仙，李明. 先进战斗机控制分配方法研究综述 [J]，飞机设计，2006(3): 17-19.

[13] özgür Atesoglu, Kemalözgören M. High-Flight Maneuverability Enhancement of A Fighter Aircraft Using Thrust-Vectoring Control [J]. Journal of Guidance, Control and Dynamics 2007,30(5): 1480-1493.

[14] 张汝麟.飞行控制与飞机发展 [J]. 北京航空航天大学学报，2003，29(12):1077-1083.

[15] 占正勇，刘林. 多操纵面先进布局飞机控制分配技术研究[J]. 飞行力学，2006,24(1): 13-16，21.

[16] Leith D J, Leithead W E. Gain-Scheduled Control: Relaxing Slow Variation Requirements by Velocity-Based Design [J]. Journal of Guidance, Control and Dynamics, 2000,23(6): 988-1000.

[17] Richardson T, Lowenberg M, DiBernardo M, et al. Design of A Gain-Scheduled Flight Control System Using Bifurcation Analysis [J]. Journal of Guidance, Control and Dynamics, 2006,29(2): 444-453.

[18] Zames G. Feedback and Optimal Sensitivity: Model Reference Transformation, Multiplicative Seminorms and Approximate Inverses [J]. IEEE Transactions on Automatic Control, 1981,26:301-320.

[19] Skogestad S, Postlethwaite I. Multivariable Feedback Control, Analysis and Design [M]. New York: John Wiley & Sons, 2001.

[20] Doyle J. Analysis of Feedback Systems with Structured Uncertainties [J]. IEEE Proceedings, Part D, 1982,133(2):45-46.

[21] 隋丹. 飞机自动着陆系统设计与仿真 [D]. 西安：西北工业大学，2003.

[22] Van Oort E R, Chu Q P, Mulder J A. Robust Model Predictive Control of A Feedback Linearized F-16/MATV Aircraft Model [C]. AIAA Guidance, Navigation and Control Conference and Exhibit, AIAA, Reston, VA, August 2006.

[23] Bijnens B, Chu Q P, Voorsluijs G, et al. Adaptive Feedback Linearization Flight Control for A Helicopter UAV [C]. AIAA Guidance, Navigation, and Control Conference and Exhibit, AIAA, Reston, VA, August 2005.

[24] Kannelakopoulos I, Kokotovic̑ P V, Morse A S. Systematic Design of Adaptive Controllers for Feedback Linearizable Systems [J]. IEEE Transactions on Automatic Control, 1991,36(11): 1241-1253.

[25] Singh S N, Steinberg M. Adaptive Control of Feedback Linearizable Nonlinear Systems with Application to Flight Control [J]. Journal of Guidance, Control and Dynamics, 1996,19(4): 871-877.

[26] Schumacher C J, Khargonekar P P, McClamroch N H. Stability Analysis of Dynamic Inversion Controllers Using Time-Scale Separation [C]. Proc. AIAA Guidance, Navigation and Control Conference and Exhibit , Boston, MA, August 1998, August, 1998.

[27] Enns D, Bugajski D, Hendrick R, et al. Dynamic Inversion: An Evolving Methodology for Flight Control Design [J]. International Journal of Control, 1994, 59(1): 71-91.

[28] Snell A, Enns D F, William W L. Nonlinear Inversion Flight Control for A Supermaneuverable Aircraft [J]. Journal of Guidance, Control, and Dynamics, 1992,15(4): 976-984.

[29] Pourtkdoust S H, Karimi J, Shajiee S. Design of A Tracking Control System for An Optimal Post-Stall Maneuver Using Dynamic Inversion Approach [C]. International Council of the Aeronautical Sciences, Gemany, September 2006.

[30] Vu B D. Nonlinear Dynamic Inversion Control [M]. London: Springer, 1997.

[31] 朱荣刚，姜长生，邹庆元，等. 新一代歼击机超机动飞行的动态逆控制 [J]. 航空学报,2003, 24 (3):242-245.

[32] McFarland M B, Hoque S M. Robustness of a Nonlinear Missile Autopilot Designed Using Dynamic Inversion [C]. AIAA Guidance, Navigation, and Control Conference and Exhibit, Denver, CO, August 2000.

[33] Ostroff A J, Bacon B J. Enhanced NDI Strategies for Reconfigurable Flight Control [C]. American Control Conference, Anchorage, AL, May 2002.

[34] Snell A S, Hess R A, Siwakosit W. Flight Control Design Using Scheduled Linear Dynamic Inversion and Quantitative Feedback Theory [C]. AIAA, Guidance, Navigation and Control conference and Exhibit, Boston, MA, August, 1998.

[35] Georgie J, Valasek J. Evaluation of Longitudinal Desired Dynamics for Dynamic-Inversion Controlled Generic Reentry Vehicles [J]. Journal of Guidance, Control and Dynamics, 2003,26(5): 811 - 819.

[36] Ostroff A J, Bacon B J. Force and Moment Approach for Achievable Dynamics Using Nonlinear Dynamic Inversion [C]. AIAA Guidance, Navigation and Control Conference, AIAA 99 - 4001, August 1999.

[37] Smith P R. Functional Control Law Design Using Exact Non-Linear Dynamic Inversion [C]. AIAA Atmospheric Flight Mechanics Conference, 94 - 3516 - CP, August 1994.

[38] Smith P R, Patel Y. Translational Motion Control of VSTOL Aircraft Using Nonlinear Dynamic Inversion [C]. AIAA Atmospheric Flight Mechanics Conference, 95 - 3452 - CP, August 1995.

[39] Bugajski J D, Enns F D. Nonlinear Control Law with Application to High - Angle - of - Attack Flight [J]. Journal of Guidance, Control and Dynamics, 1992,15(3): 761 - 767.

[40] Enns D, Bugajski D, Hendrick R, et al. Dynamic Inversion: An Evolving Methodology for Flight Control Design [J]. International Journal of Control, 1992, 59(1): 71 - 91.

[41] Patel Y, Smith P R. Translational Motion Control of Vertical Takeoff Aircraft Using Nonlinear Dynamic Inversion [J]. Journal of Guidance, Control and Dynamics, 1998,21(1): 179 - 182.

[42] Smith P R, Berry A. Flight Test Experience of A Non-Linear Dynamic Inversion Control Law on the VAAC Harrier [C]. AIAA 2000 - 3914, August 2000.

[43] Snell A. Decoupling Control Design with Applications to Flight [J]. Journal of Guidance, Control and Dynamics, 1998,21(4): 647 - 655.

[44] Durham W. Dynamic Inversion and Model-Following Control [C]. AIAA, 96 - 3690, July 1996.

[45] Härkegard O. Backstepping and Control Allocation with Applications to Flight Control [D]. Linköping: Linköping University, 2003.

[46] Glad T, Harkegard, O. Backstepping Control of a Rigid Body [C]. Proceedings of the 41st IEEE Conference on Decision and Control April 2002.

[47] Härkegard O. Flight Control Design Using Backstepping [D]. Linköping: Linköping University, 2001.

[48] Lee T, Kim Y. Nonlinear Adaptive Flight Control Using Backstepping and Neural Networks Controller [J]. Journal of Guidance, Control and Dynamics, 2001,24(4): 675 - 682.

[49] Farrell J, Sharma M, Polycarpou M. Backstepping Based Flight Control with Adaptive Function Approximation [J]. Journal of Guidance, Control and Dynamics, 2005,28(6): 1089 - 1102.

[50] Sonneveldt L, Chu Q P, Mulder J A. Nonlinear Flight Control Design Using

Constrained Adaptive Backstepping [J]. Journal of Guidance, Control, and Dynamics, 2007,30(2): 322 - 336.

[51] Shah G H. Aerodynamic Effects and Modeling of Damage to Transport Aircraft[C]. AIAA Atmospheric Flight Mechanics Conference and Exhibit, Honolulu, 2008.

[52] Harkegard O, Glad T. Vector Backstepping Design for Flight Control [C]. AIAA Guidance, Navigation and Control Conference, Hilton Head, SC, August 2007.

[53] Idan M, Johnson M, Calise A J, et al. Intelligent Aerodynamic/Propulsion Flight Control for Flight Safety: A Nonlinear Adaptive Approach [C]. American Control Conference, June, 2001.

[54] Balas G, Garrard W, Reiner J. Robust Dynamic Inversion Control Laws for Arcraft Control [C]. AIAA Guidance, Navigation and Control Conference, Hilton Head Islan, SC, August, 1992.

[55] Adams R, Banda S. Robust Flight Control Design Using Dynamic Inversion and Structured Singular Value Synthesis [J]. IEEE Trans. Control Systems Technology, 1993,1(2): 81 - 92.

[56] Che J, Chen D. Automatic Landing Control Using H_∞ Control and Stable Inversion [C]. Proceedings of the 40th IEEE Conference on Decision an Control, Florida, 2001: 241 - 246.

[57] Kim S H, Kim Y S, Song C. A Robust Adaptive Nonlinear Control Approach to Missile Autopilot Design [J]. Control Engineering Practice, 2004, 12(2): 149 - 154.

[58] Steinberg M L, Page A B. Nonlinear Adaptive Flight Control with Genetic Algorithm Design Optimization [J]. International Journal of Robust and Nonlinear Control, 1999, 9(14): 1097 - 1115.

[59] Fausz J L, Chellaboina V S, Haddad W M. Inverse Optimal Adaptive Control for Nonlinear Uncertain System with Exogenous Disturbances [C]. The 36th Conference on Decision and Control,San Diego, California, March 1997.

[60] Cochofel H J, Wooten D,Principe J. A Neural Network Development Environment for Adaptive Inverse Control [C]. IEEE Intelligence Conference on Neural Networks, July 1998.

[61] Yedavalli R K, Shankar P, Doman D B. Robustness Study of the Dynamic Inversion Based Indirect Adaptive Control of Flight Vehicles with Uncertain Model Data [C]. American Control Conference, June 2003.

[62] Mehra R K, Prasanth R K, Gopalaswamy S. XV - 15 Tiltrotor Flight Control System Design Using Model Predictive Control [C]. Aerospace Conference, Feburary 1998.

[63] Boskovic J D, Mebra R K. Multi-Mode Switching in Flight Control [C]. Digital Avionics Systems Conferences, Feburary 2000.

[64] Jafarov E, Tasaltin R. Robust Sliding-Mode Control for the Uncertain MIMO Aircraft Model F - 18 [J]. IEEE Trans. Aerospace and Electronic System, 2000,36(4): 1127 - 1141.

[65] Murphy P C, Davidson J B, Lallman F J, et al. An Evaluation of Design Methodology and High Alpha Design Criteria for the ANSER Lateral - Directional Control Law [C]. High-Angle-of-Attack Technology Conference, Hampton, VA , September 1996.
[66] Moorhouse D J, Moran W A. Flying Qualities Design Criteria for Highly Augmented Systems [C]. IEEE National Aerospace and Electronics Conference, May 1985.
[67] Castaldi P, Mimma N, Simani S. Nonlinear Fault Tolerant Flight Control for Gnenric Actnators Fault Models [C]. American Control Conference, Portland, MA, June 2014.
[68] Duerksen N. Advanced Flight Controls and Pilot Displays for General Aviation [C]. AIAA/ICAS International Air and Space Symposium and Exposition: The Next 100 Y, Dayton, Ohio, July 2003.
[69] Steck J E, Rokhsaz K, Pesonen U. Pilot Evaluation of An Adaptive Controller on General Aviation SATS Testbed Aircraft [C]. AIAA Guidance, Navigation, and Control Conference and Exhibit, Providence, Rhode Island, August 2004.
[70] 刘褪. 敏捷性、过失速机动、飞行品质和推力矢量控制新进展 [J]. 南京航空航天大学学报,1998,30(1): 72 - 80.
[71] 张新国,张汝麟,陈宗基. 飞行控制系统设计方法研究 [J]. 航空科学技术,1997(1):17 - 19.
[72] Idan M, Johnson M, Calise A J. Hielalchical Approach to Adaptive Control for Improved Flight Safety[J]. Journal of Guidance, Control and Dynamics, 2002, 25 (16): 1012 - 1020.
[73] Wilson J R. Creating Cars That Fly [C]. Aerospace America, July 2001.
[74] Holmes B J, Durham M H, Tarry S. Small Aircraft Transportation System Concept and Technologies [C]. AIAA/ICAS International Air and Space Symposium and Exposition: The Next 100 Y, Dayton, Ohio, July 2003.
[75] Bost C, Mulder M, Passen van M M, et al. Path-Oriented Control/Display Augmentation for Perspective Flight-Path Displays [J]. Journal of Guidance, Control, and Dynamics, 2006,29(3): 780 - 791.
[76] Rogalski T, Dolega B. The New Conception of the Laboratory Testing of the FBW Systems for Small Aircraft [J]. Aircraft Engineering and Aerospace Technology, 2004,76(3): 293 - 298.
[77] Ems D F, Bugajski D J, Hendrick R, et al. Dynamic Inversion: An Evolving Methodology for Flight Control Design[J]. Intenational Journal of Control, 1994, 10 (2): 71 - 91.
[78] Smith W. X - 29 High AOA Flight Test Results: An Overview [C]. SAE Aerospace Atlantic Conference and Exposition, SAE International, Washington, DC, USA, April 1993.
[79] Ostroff A J. Study of A Simulation Tool to Determine Achievable Control Dynamics and Control Power Requirements with Perfect Tracking/TM - 1998 - 208699[R]. NASA, 1998.

[80] Nguyen L T, Ogburn M E, Gilbert W P, et al. Simulator Study of Stall/Post—Stall Characteristics of A Fighter Airplane With Relaxed Longitudinal Static Stability Technical Paper 1538[R]. NASA, 1979.

[81] Ito D, Georgie J, Valasek J, et al. Re - Entry Vehicle Flight Controls Design Guidelines: Dynamic Inversion , NAG9 - 1085[R]. Technical Report Prepared for GNC Design & Analysis Branch NASA Johnson Space Center, 2000.

[82] Gilbert W P, Nguyen L T, Gera J. Control Research in the NASA High-Alpha Technology Program [C]. Aerodynamics of Combat Aircraft Controls and of Ground Effects, April 1990.

[83] Doyle J, Wall J E, Stein G. Performance and Robustness Analysis for Structured Uncertainty [C]. Proc. of IEEE Control Decision Conference, August 1982.

[84] 龙浩,宋述杰. 非线性结构自适应模型逆飞行控制系统研究[J]. 飞行力学,2014,32(3):214 - 217.

[85] Canter Dave E. X - 31 Post—Stall Envelope Expansion and Tactical Utility Testing [C]. Fourth High Alpha Conference, July 1994.

[86] Huber, Peter, Seamount, et al. X - 31 High Angle of Attack Control System Performance [C]. NASA Dryden Flight Research Center, Fourth High Alpha Conference, vol. 2, NASA CP - 10143, 12 - 14 July 1994.

[87] Bowers, Albion H, Pahle, et al. Thrust Vectoring on the NASA F - 18 High Alpha Research Vehicle [C]. American Control Conference, November 1996.

[88] Goman M G, Khramtsovsky A V, Kolesnikov E N. Investigation of the ADMIRE Manoeuvring Capabilities Using Qualitative Methods [J]. Nonlinear Analysis and Synthesis Techniques for Aircraft Control, 2007, 365: 301 - 324.

[89] Mason W H. High Angle-of-Attack Aerodynamics [C]. AOE 4124 Configuration Aerodynamics Course Notes, Aerospace and Ocean Engineering, Virginia Tech., March, 2006.

[90] Alcorn C W, Croom M A, Francis M S, et al. The X - 31 Aircraft: Advances in Aircraft Agility and Performance [J]. Aerospace Set, 1996, 32: 327 - 413.

[91] Kalviste J. Math Modeling of Aero Data for Aircraft Dynamic Motion [C]. AIAA Atmospheric Flight Mechanics Conference, August 1994.

[92] Reiner J, Balas G J, Garrard W L. Robnst dynamic Inversion for Control of Highly Maneurerable Aircraft[J]. AIAA Journal of Guidance, Control and Dynamics, 1995, 18(1): 18 - 23.

[93] Littleboy D M, Smith P R. Using Bifurcation Methods to Aid Nonlinear Dynamic Inversion Control Law Design [J]. Journal of Guidance, Control, and Dynamics, 1998,21(4): 632 - 638.

[94] Kocks K. Systems That Permit Everyone to Fly [J]. Avionics Magazine, 2001(3): 16 - 20.

[95] Rogalski T, Dolega B, Algorithms Improving Flying Qualities of General Aviation

Aircraft [J]. Aviation, 2006,X(2): 17 - 21.
[96] Moore M D. Personel Air Vehicles: A Rural/Regional and Intra-urban On-demand Transportation System [C]. AIAA/ICAS International Air and Space Symposium, Dayton, Ohio, July 2003.
[97] Tomczyk A. Concept for Simplified Control of General Aviation Aircraft [C]. World Aviation Conference, Anaheim, CA, April 1998.
[98] Ogburn, M E, Foster J V. Development of High-Angle-of-Attack Nose-Down Pitch Control Margin Design Guidelines for Combat Aircraft CP-10127[R]. NASA, 1993.
[99] Foster J V. Investigation of the Susceptibility of Fighter Airplanes to the Out - of - Control Falling Leaf Mode [C]. NASA High Angle of Attack Conference, September 1996.
[100] Fausz J L, Chellaboina V S, Haddad W M. Inverse Optimal Adaptive Control for Nonlinear Uncertain System with Exogenous Disturbances [C]. The 36th Conference on Decision and Control,San Diego, California, May 1997.
[101] 史忠科. 神经网络控制理论 [M]. 西安:西北工业大学出版社,1997.
[102] Harnold C L M, Lee K Y. Free-Model Based Adaptive Inverse Neuro-controller for Dynamic Systems [C]. The 37th IEEE Conference on Decision and Control,Tampa, Florida, July 1998.
[103] Wahi P, Raina R, Chowdhury F N. A Survey of Recent Work in Adaptive Flight Control [J]. Southeastern Symposium on System Theory, 2001:7 - 11.
[104] 王源. 不确定非线性系统的神经网络自适应重构控制 [D]. 南京:南京航空航天大学,2002.
[105] Katoh M, Masuda T, Nozaki S. Feedback Dynamic Inversion for Static and Dynamic Parallel Model by Differential Operator Method[C]. 41st SICE Annual Conference, August 2002.
[106] Piazzi A, Visioli A. End-point Control of A Flexible-link Via Optimal Dynamic Inversion, Advanced Intelligent Mechatronics, 2001 [C]. IEEE/ASME International Conference, July 2001.
[107] Ward D G, Sharma M, Richards N D. Intelligent Control of Unmanned Air Vehicles: Program Summary and Representative Results [C]. 2nd AIAA “Unmanned Unlimited” Conf. and Workshop and Exhibit ,San Diego, CA, September 2003.
[108] Well K H, Faber B, Berger E. Optimization of Tactical Aircraft Maneuvers Utilizing High Angles of Attack [J]. Journal of Guidance and Control, 1982,5(2): 131 - 137.
[109] Lichtsinder A, Kreindler E, Gal - Or B. minimum - time Maneuvers of Thrust - Vectoring Aircraft [J]. Journal of Guidance, Control and Dynamics, 1998,21(2): 244 - 250.
[110] Horie K, Conway B. Optimization of Fighter Aircraft Vertical - Plane Maneuvering Using Poststall Flight [J]. Journal of Aircraft, 2000,37(6): 1017 - 1021.
[111] Komduur H J, Visser H G. Optimization of Vertical Plane Cobralike Pitch Reversal

Maneuvers [J]. Journal of Guidance, Control and Dynamics, 2002,25(4): 693 - 702.
[112] Gahinet P, Apkarian P, Chilali M. Affine Parameter - Dependent Lyapunov Functions and Real Parametric Uncertainty [J]. IEEE Transactions on Automatic Control, 1996,41(3): 436 - 442.
[113] Ball J A, Cohen N. The Sensitivity Minimization in an H_∞ Norm: Parameterization of All Optimal Solutions [J]. International Journal of Control, 1987,46(2): 785 - 816.
[114] Nalbantoğlu V. Robust Control and System Identification for Flexible Structures [D]. Minneapolis: University of Minnesota, 1998.
[115] Ateşoğlu, ö, özgören M K. High-Alpha Flight Maneuverability Enhancement of A Fighter Aircraft Using Thrust-Vectoring Control [J]. Journal of Guidance, Control and Dynamics, 2007,30(5): 1480 - 1493.
[116] Apkarian P, Gahinet P, Beck E. Self-Scheduled H_∞ Control of Linear Parameter Varying Systems: A Design Example [J]. Automatica, 1995,31(9): 1251 - 1261.
[117] Cortes J. Discontinuous Dynamical Systems: A Tutorial on Solutions, Nonsmooth Analysis and Stability [J]. IEEE Control Systems Magazine, 2008,28(3): 36 - 73.
[118] Chilali M, Gahinet P. H_∞ Design with Pole Placement Constraints: An LMI Approach [J]. IEEE Transactions on Automatic Control, 1996,41(3): 358 - 367.
[119] Zhao Q, Jiang J. Reliable Control System Design Against Feedback Failures with Applications to Aircraft Control [C]. IEEE International Conference on Control Theory and Applications, Dearborn, MI, September 1996.
[120] Shue S P, Shi P. H_∞ Robust Pole Placement of Single Input Uncertain Systems for Control of Aircraft [C]. Guidance, Navigation, and Control Conference, March 1997.
[121] Bei Lu. Linear Parameter - Varying Control of An F - 16 Aircraft at High Angle of Attack [D]. Raleigh: North Carolina State University, 2004.
[122] Yee J S, Wang J L, Yang G H. Reliable and Robust H_∞ Flight Controller Design for Bank Angle Tracking Maneuver of a Jet Transport Aircraft [C]. 40th IEEE Conference on Decision and Control, Oriando, Florida, April 2001.
[123] Feng L, Wang J L, Poh E, et al. Reliable H_∞ Aircraft Flight Controller Design Against Faults with State/Output Feedback [C]. American Control Conference, Portland, OR, June 2005.
[124] Gregory, Irene M. Design and Stability Analysis of An Integrated Controller for Highly Flexible Advanced Aircraft Utilizing the Novel Nonlinear Dynamic Inversion [D]. California: California Institute of Technology, 2005.
[125] Chilali M, Gahinet P. H_∞ Design with Pole Placement Constraints: An LMI Approach [J]. IEEE Transactions on Automatic Control, 1996,41(3): 358 - 367.
[126] Hsieh C S. Reliable Control Design Using A Two-stage Linear Quadratic Reliable Control [J]. IEEE Proceedings of Control Theory and Applications, 2003,150(1): 77 - 82.
[127] Ridgely D B, Banda S S, McQuade T E, et al. Linear - Quadratic - Gaussian with

Loop - Transfer - Recovery Methodology for An Unmanned Aircraft [J]. Journal of Guidance, Control and Dynamics, 1987, 10(1): 82 - 89.

[128] Xie R, Gong J, Wang X. A New Probabilistic Robust Control Approach for System with Uncertain Parameters [J]. Asian Journal of Control, 2015, 17(4):1330 - 1341.

[129] Xie R, Gong J Y. A Probabilistic Solution of Robust Control Problem with Scaled Matrices [J]. International Journal of Systems Science, 2014, 47(10): 2264 - 2271.